U0251487

Tasty Food
食在好吃

营养早餐
分分钟就搞定

杨桃美食编辑部 主编

江苏凤凰科学技术出版社
·南京·

图书在版编目（CIP）数据

营养早餐分分钟就搞定 / 杨桃美食编辑部主编 .—
南京 : 江苏凤凰科学技术出版社 , 2015.10（2021.6 重印）
（食在好吃系列）
ISBN 978-7-5537-5067-5

Ⅰ . ①营… Ⅱ . ①杨… Ⅲ . ①保健 – 食谱 Ⅳ .
① TS972.161

中国版本图书馆 CIP 数据核字 (2015) 第 164377 号

食在好吃系列
营养早餐分分钟就搞定

主　　　编	杨桃美食编辑部	
责 任 编 辑	葛　昀	
责 任 监 制	方　晨	
出 版 发 行	江苏凤凰科学技术出版社	
出版社地址	南京市湖南路 1 号 A 楼，邮编：210009	
出版社网址	http://www.pspress.cn	
印　　　刷	天津丰富彩艺印刷有限公司	
开　　　本	718 mm × 1 000 mm　1/16	
印　　　张	10	
插　　　页	4	
字　　　数	250 000	
版　　　次	2015 年 10 月第 1 版	
印　　　次	2021 年 6 月第 5 次印刷	
标 准 书 号	ISBN 978-7-5537-5067-5	
定　　　价	29.80 元	

图书如有印装质量问题，可随时向我社印务部调换。

美好的一天从丰盛的早餐开始

　　一日之计在于晨，当我们经过大约 8 个小时的睡眠后，吃上一顿丰盛的早餐，会感到特别的精神，因而能够大大提高上午的工作、学习效率。

　　然而，由于忙碌的工作及快速的生活步调，许多人很难有时间好好地为自己准备一顿丰盛的早餐，往往不是在早餐店随便吃点东西，就是根本把早餐直接"省略"。其实，这是一种非常不明智的做法。因为不吃早餐，或是早餐吃得过于简单，不但会使工作、学习的效率下降，还会伤害胃。这是因为我们的胃就好像一个食物加工的袋子，我们所吃进的食物都要经过胃一点一点地磨碎，从而被身体消化吸收。即使胃里没有了食物，胃还是会不断地摩擦，时间久了，就会感到胃痛，再加上没有食物给机体提供能量，就会出现头昏、无力、心慌、出冷汗等症状。

　　既然早餐如此重要，我们不妨早起十几分钟为自己做个丰盛的早餐。要想缩短制作早餐的时间，我们除了可以制作利用市售的吐司、面包抹上果酱、沙拉酱这种基本的早餐之外，还可以将火腿、培根、汉堡肉等这类市售的食材加热，再夹入吐司面包中，也可以捏个美味饭团，或是用饼皮包卷蔬菜、加一个鸡蛋，这样我们就可以不用花太多时间，也能轻轻松松享用多变而又丰富的营养早餐，为家人和自己的健康把关。

　　本书内容丰富、图文并茂，一共分三章向读者朋友介绍了 273 道美味、营养的丰盛早餐，其中第一章美味营养速成早餐 71 道，让您在快节奏的生活中也能享受美味的早餐；第二章元气满载中式早餐 101 道，让您尽情享受简单又营养的早餐；第三章多重飨宴异国早餐 101 道，为您带来不一样的味觉体验。本书所选早餐都列有完整的材料、调料、腌料以及详细的做法，来帮助您更好地完成一道道丰盛的早餐。此外，每一道早餐都配有高清大图，让您忍不住想马上试一试自己亲手做的美味早餐！

目录　Contents

丰盛早餐这样做

第一章
美味营养速成早餐

第二章
元气满载中式早餐

第三章
多重飨宴异国早餐

单位换算	固体类 / 油脂类
	1茶匙 = 5克
	1大匙 = 15克
	1小匙 = 5克
	液体类
	1茶匙 = 5毫升
	1大匙 = 15毫升
	1小匙 = 5毫升
	1杯 = 240毫升

丰盛早餐这样做

早餐快速上桌的秘诀

秘诀 1 利用市售半成品

汉堡排。市场上有许多各式各样的加工好的冷冻汉堡肉排，比较常见的有牛肉、猪肉汉堡排，甚至还有虾肉、鱼肉类的汉堡排，这种汉堡排的确缩短了烹饪菜肴的时间，不过购买时一定要仔细阅读生产日期及保存时限，千万不要因为懒而忽略了，因为制作任何菜肴，食材新鲜都是很重要的。

市售蛋饼皮。市售蛋饼皮相当方便，只要稍微加热煎熟，打个蛋，加上自己喜爱的配料，就能做出更丰富美味的蛋饼。蛋饼主要是由面粉制成，早上吃更有饱足感，要想更健康，也有市售的全麦蛋饼皮可供选择。

培根。培根一般常见于三明治中，煎好的培根，撒上黑胡椒有着香脆的口感，不仅适合用于三明治中，用于汉堡面包也有相同的口感。

热狗。长形面包夹上香肠，就是大家所常见的热狗面包了，一般市售较常使用的内馅是牛肉馅及猪肉馅，而口味上也有众多的变化，除了常见的原味口味外，还有辣味、黑胡椒等口味，某些便利商店还有售热狗中间内馅为奶酪的热狗面包，脆脆的肠衣配上内馅中央的香浓奶酪，口感独特。

酸黄瓜。一般而言，酸黄瓜大量运用在西式烹饪的沙拉、热狗、汉堡、三明治及烧烤肉类等食物中，主要是增添食物口感的佐料食品，酸甜的滋味不仅提升了食物的味道，更增加了食用者的食欲。

玉米粒。想缩短制作早餐的时间，又想早餐的内容料好且营养丰富，那么许多现成的配料绝对不可少，像一般常见的玉米粒罐头，无论是做沙拉，还是夹在吐司三明治里，或是和蛋液一同拌匀，搭配市售蛋饼皮煎成玉米蛋饼，都是方便又可增加早餐丰富度的便利食材。

蔬菜丝。要想快速制作出三明治，并没有想象中的困难，只要先将三明治配料中常见的小黄瓜切丝，抓过盐水、冲洗后沥干，密封放入冰箱中，隔天即可直接使用；而三明治配料中常见的生菜叶也可以洗净沥干后，一样密封放进冰箱中冷藏，这样早上在制作早餐时，便可省下很多准备食材的时间。

秘诀 2 前一晚先备料

如果不想一早起来就手忙脚乱地准备早餐，不妨在前一晚就将隔天需要使用的蔬菜类食材都清洗干净并沥干水分，该切片切丝的，都可以先处理好，盖上保鲜膜后，放入冰箱中冷藏保存。

秘诀 3 运用剩下食材做变化

善于利用前一晚吃剩的菜肴或食材，不仅可以为隔天的早餐加分，也可以缩短制作的时间。例如本书中提到的姜汁烧猪堡，用的就是前一晚餐桌上剩下的猪肉片和简单的调味酱料，简单拌炒而成的。买个现成的汉堡包，再简单夹入几片生菜叶和猪肉片，就成了最美味的早餐。

秘诀 4 面包、饼皮先加热处理

贝果入电饭锅中蒸。

买回来的现成贝果，吃之前放入电饭锅中蒸一下，吃的时候口感会更加弹软，如果喜欢干酥的口感，也可以放入烤箱中烤一下。

烧饼放入烤箱中略烤。

吃烧饼要的就是外皮香酥的口感，所以将买回来的烧饼先放入烤箱中烤热一下，不仅可以让烧饼的口感更加酥脆，还可以提升其香气。

吐司烤前先喷洒点水。

有时，我们买回来的吐司一次吃不完，放进冰箱储藏后，要再次取出食用前，可以先在吐司上洒上少许水，然后再放入烤箱中烤，如此一来吐司的口感还是会和新鲜的一样。

可颂面包先烤过。

如果是一般比较常见的可颂面包、汉堡包等，在食用前可以先将其放入烤箱中略微烤热一下，这样在涂抹酱料时也会更加入味，吃起来也带有温热的口感。

米堡的制作DIY

1. 取适量热好的米饭放入盆中，用勺子将其压碎，待饭粒产生稍微的黏稠度后，静置备用。

2. 准备一个圆形的模型，在模型周围抹上少许食用油，再于做法1中压好的米饭取出约120克，放入模型中将米饭压制紧实，即可取出。

3. 起一锅，待锅烧热后，于锅中抹上一层薄薄的油，将做法2做好的米堡放入锅中，以小火慢煎至上色并使米堡定型即可。

早餐不可或缺的常见酱料

凯撒沙拉酱

材料：
芥末籽酱5克，
黄芥末酱5克，
蒜末、鳀鱼各3
克，奶酪粉2克，
沙拉酱25克

做法：

1. 将蒜末和鳀鱼混合后，以汤匙压碎。
2. 将做法1的材料和其余材料混合，搅拌均匀即可。

千岛沙拉酱

材料：
番茄酱5克，
沙拉酱25克，
香芹末5克，
蒜末5克，洋
葱末3克

做法：

将材料混合，搅拌均匀即可。

日式芥末酱

材料：
日本芥末3克，
沙拉酱15克

做法：

将所有材料
混合，搅拌均匀
即可。

蜂蜜芥末酱

材料：
蜂蜜5毫升，
黄芥末酱3克，
沙拉酱15克

做法：

将所有材
料混合，搅拌均匀即可。

传统沙拉酱

材料：
鸡蛋2个，橄榄油300毫升，白醋100毫升，黄芥末酱5克，
盐3克，白糖10克

做法：

1. 鸡蛋打破取蛋黄，加入白糖、黄芥末酱，以打蛋器搅拌
至呈现乳白色后，加入100毫升橄榄油搅拌至浓稠。

2. 加入50毫升白醋搅拌，再加入100毫升橄榄油搅拌至浓稠，倒入其余50毫升白醋搅拌，
再加入100毫升橄榄油搅拌至浓稠，加入盐搅拌至浓稠即可。

捏制中式饭团超EASY

想要有一个紧实浑厚的好吃饭团，包卷技巧可不能轻易就忽视了。米饭该怎么平铺？饭团该怎么包卷？力气该怎么施压？这些不起眼的小动作，却攸关着一个完美饭团的呈现，稍一不小心，你的饭团就可能会露馅，而且米饭也可能会遭到分解。

1. 先用饭匙挖出适量的米饭放置于棉布袋上备用。

2. 再用饭匙将米饭轻轻地压整，使其均匀成一片。

3. 将炒过的萝卜干、酸菜依序放在做法2的米饭上，并将馅料平摊放在米饭上。

4. 接着放入肉松于做法3中，最后再将油条摆入。

5. 将做法4的半成品在左右两侧向内挤压并包卷在一起。

6. 再将做法5的半成品转换方向后，在左右两侧向内挤压包卷，让馅料可以完全包进米饭中。

7. 然后将做法6中的米饭连同棉布袋一起向内包卷，并稍微用力将棉布袋中的米饭压卷紧实。

8. 取出做法7压制紧实的米饭，放进塑料袋中，再用手稍加捏制，使其成为椭圆长形即可。

饭团速配料

辣菜脯

材料：萝卜干丁 100 克，蒜末、食用油各适量，红辣椒（切圈）1根，白糖 3 克。

做法：萝卜干丁洗净，放入沸水锅中汆烫一下，立即捞起沥干水分，备用；将锅烧热，加入适量食用油，再放入汆烫过的萝卜干丁充分拌炒，最后放入蒜末、红辣椒圈和白糖拌炒入味即可。

炒酸菜

材料：酸菜 200 克，红辣椒 1 根，姜 15 克，白糖 5 克，食用油适量。

做法：酸菜洗净，切成细条，略冲水，放入锅中汆烫，捞起沥干水分，再将姜、红辣椒洗净，切成细丝状，备用；锅烧热，将汆烫过的酸菜条放入，炒除水分后盛起；原锅倒入适量油，放入姜丝炒香，再将白糖、酸菜、红辣椒丝炒匀入味即可。

雪里蕻

材料：雪菜 150 克，红辣椒 20 克，白糖 3 克，食用油适量。

做法：先将雪菜洗净，切成粗丁状，放入沸水锅中汆烫一下后捞起沥干水分，再将红辣椒洗净，去籽切圈，备用；锅烧热，将雪菜放入，炒除水分后盛起备用，原锅倒入适量食用油，放入白糖炒溶化，再放入雪菜、红辣椒圈拌炒入味即可。

怎么做煎饺最好吃

煎饺皮

技巧 1：煎饺皮一定要使用温水面团来做，这样煎出来的皮就不易又干又硬。

技巧 2：最好使用不粘锅，可减少用油或不用油，以避免煎出油腻腻的饺皮。

技巧 3：饺子下锅后可加入适量面粉、淀粉或玉米粉水，煎至水分完全收干，底部金黄上色，饺皮会更酥脆爽口。

煎饺馅

技巧 1：油脂含量少的鸡肉和海鲜，可加入少许猪绞肉混合，使馅料口感滑嫩不干涩。

技巧 2：绞肉类的馅料一定要先加少许盐，搅拌至有弹性，再分两次加入少许水拌至水分完全吸收，馅料才会松软多汁。

技巧 3：腥味重的肉类和海鲜馅，可加姜和少许米酒或绍兴酒去腥。

技巧 4：煎饺下锅后一定要加水，水量至少淹过饺子的 1/3，加盖煎至水分收干，馅料才会全熟，并保有适度汤汁。

怎么煎饺子

❶ 取锅烧热，加少许食用油，放入生饺子。

❷ 加入可淹到饺子1/3处的水量至锅中。

❸ 盖上锅盖，焖煮至水干。

❹ 煮至饺子外观呈膨胀状态即可。

快速煮粥的6大关键

把生米熬成粥，同时洗切备料，至少也要忙上30分钟。下面是特别为每天早上赶着出门上班、上学或是夜深才回到家的上班族设计的，"10分钟快速煮粥的教战守则"，掌握以下6大关键，让您吃好粥不用等。

熬高汤

想要快速煮粥，口味又能媲美店家水平，只用清水来煮当然不行，加入适量高汤或汤底则可以达到目的。可以事先熬好高汤，放在冰箱冷藏保鲜，煮粥时随时取用即可。

运用冷饭、剩饭

生米熬成粥要花很长时间，想吃粥又不想等，那就运用隔餐的米饭，或是前一天冰过的剩饭。糙米饭或五谷饭也可以用，滋味一点也不逊色。懂得运用冷饭、剩饭，是缩短煮粥时间最重要的一步。

剩饭加高汤拌开

冷饭和剩饭难免会黏结成块，如果不先处理就直接倒入汤锅中煮，很难将这些团块分散。先将剩饭淋上少许高汤浸湿，既可轻松用汤勺或打蛋器将米饭压散，又可节省时间。

高汤滚沸再放饭

因米粒含有淀粉，火开太大容易溢锅。可先开大火将高汤快速煮至滚沸，再放入高汤拌过的米饭，转中小火熬煮。

粥煮好再下料

肉类久煮会变硬，叶菜久煮会变黑，并且会失去原有的口感，这类配料都要等粥煮至完全滚沸、米粒软硬适中时再放入。

葱酥、香葱添风味

将配料煮熟，熄火前最后加入葱酥、蒜酥、葱花、姜丝等辛香料，具有提味、去腥的作用，可以增添粥的美味。

三明治的美味秘诀

大家所熟知的总汇三明治发源于俱乐部、夜总会和桥牌、赛马或网球联谊社场合中，因为其中的顾客要求供应内容不单调又可快速制作，还能吃饱的食物，所以就延伸出在面包中夹入西红柿、水煮蛋片、培根、莴苣叶或火腿肉等材料的三明治，而且还深受大众喜爱。这种层层叠叠的美味三明治，只要发挥自我创意，在家也可以轻松完成。

如何去除洋葱的辛辣味

洋葱是三明治和汉堡等的常见的材料，却往往因为本身的辛辣味令人咋舌。这里教大家一个好方法，就是先将洋葱洗净，切除头尾并剥除外膜，切成圈状后泡入冷水中约10分钟，就可以有效去除辛辣味了。

奶油或抹酱要何时涂抹

若是先涂抹酱放进烤箱烤，吐司表面会有些许凹陷，这是因为酱料中通常含有水分，会渗入吐司中导致潮湿与凹陷；所以建议吐司先放入烤箱中微烤至表面稍硬微黄时，再取出涂抹酱，然后续烤至表面呈金黄微焦状即可。

蔬菜食用前先泡冰水恢复水分

蔬菜买回来如果不是马上食用，都会先放在冰箱冷藏室保鲜，因此容易失去一些水分。在制作三明治前，可先将蔬菜泡到冰水中，这样不但可以恢复失去的水分，让口感因纤维充满水分而变得清甜爽脆，也可以让蔬菜的颜色比较翠绿。

吐司怎么切才会比较漂亮

建议使用刀口呈锯齿状的刀子或专用吐司刀来切，若是使用一般的平口刀操作，则建议不论是新鲜的，还是隔夜的吐司，在切之前，都先冷冻大约1小时，如此可让吐司的淀粉老化、组织变硬，在切开的过程中较不易产生塌陷的情形。

第一章

美味营养
速成早餐

10分钟能做出什么样的早餐？相信许多人脑中一闪而过的应该是吐司抹果酱，或是牛奶冲脆片这一类的超简单早餐吧。其实要想10分钟完成丰盛的美味早餐并不是难事，本章就会教你利用小诀窍，轻松变出超丰盛速成早餐！

馒头菌菇堡

材料
馒头1个，蘑菇5朵，蟹味菇30克，鸡蛋1个，大蒜2瓣，生菜2片，食用油适量

调料
西式综合香料1小匙，奶油1大匙，盐少许，黑胡椒少许

做法
1. 蘑菇洗净切片，蟹味菇洗净去蒂再对切，大蒜洗净切片。
2. 取一支炒锅，加入1大匙食用油，放入做法1的材料以中火先爆香，再加入所有调料一起翻炒均匀。另热锅，加入少许油，打入鸡蛋以中火煎熟成荷包蛋，备用。
3. 馒头放入蒸笼中蒸热，取出对切不要断，夹入生菜、做法2的荷包蛋，再将炒好的菇类放上即可。

葱抓饼加蛋

材料
市售葱抓饼2片，鸡蛋2个，葱1根，食用油少许

做法
1. 先将葱洗净、切葱花，备用。
2. 取一支炒锅，加入少许食用油烧热，再放入葱抓饼，以中小火煎至饼皮双面上色后取出。
3. 续于锅中敲入鸡蛋，盖上做法2的葱抓饼，再将饼边煎边抓松，起锅前撒入做法1的葱花即可。

干煎萝卜糕

材料
市售萝卜糕4片，食用油适量

做法
1 将萝卜糕切成片状，备用。
2 取一支炒锅，加入少许食用油，再加入切好的萝卜糕片，再加入5毫升冷水，然后盖上盖以中火煎至双面上色即可。

冰花煎饺

材料
市售冷冻水饺10颗，熟白芝麻少许，葱碎1小匙，食用油少许

调料
淀粉1小匙，水350毫升

做法
1 先将淀粉与水混合搅拌均匀，成水淀粉备用。
2 取一支平底锅，于锅底抹上少许食用油，将水饺一颗颗铺上，再将做法1的水淀粉淋在水饺上。
3 做法2盖上锅盖，以中火煮开，再转小火煮至收汤汁，且底下粉浆呈金黄色，最后再放入葱碎与熟白芝麻装饰即可。

蔬菜煎饼

📋 材料

小黄瓜1根，胡萝卜30克，金针菇20克，红甜椒1/2个，卷心菜1/5棵，鸡蛋3个，食用油1大匙，葱丝、红椒丝各少许

📋 调料

淀粉1小匙，面粉50克，盐少许，白胡椒少许，香油1小匙，水30毫升

📋 做法

❶ 将小黄瓜、胡萝卜、卷心菜和红甜椒都切成细丝；金针菇洗净去须根，备用；鸡蛋打散。

❷ 所有调料放入容器中，混合搅拌均匀，再放入做法1的所有材料，搅拌均匀成面糊。

❸ 取一支平底锅，加入1大匙食用油，再将做法2搅拌好的面糊倒入，以中小火煎至双面上色且熟，放上葱丝、红椒丝装饰即可。

海鲜煎饼

📋 材料

虾仁30克，蟹肉棒30克，洋葱1/3个，大蒜3瓣，红辣椒1/3根，鸡蛋3个，食用油1大匙

📋 调料

盐少许，白胡椒少许，面粉60克，淀粉1小匙，酱油3毫升，香油少许

📋 做法

❶ 洋葱洗净切丝；大蒜与红辣椒洗净切片；蟹肉棒与虾仁切丁，再全部洗净备用；鸡蛋打散。

❷ 取一个钢盆，加入所有调料后混合搅拌均匀，再将做法1的材料依序加入，搅拌均匀成面糊。

❸ 取一支平底锅，加入1大匙食用油烧热，再倒入做法2搅拌好的面糊，以中小火煎至双面上色且熟即可。

吻仔鱼饭团

材料
米饭1碗，吻仔鱼70克，大蒜3瓣，红辣椒1/3根，葱1根，食用油1大匙

调料
白芝麻1小匙，寿司醋1大匙，白糖3克，盐少许，白胡椒少许，香松1小匙

做法
❶ 将米饭与所有调料（香松除外）混合均匀；吻仔鱼洗净，再滤干水分，备用。
❷ 葱切葱花；大蒜与红辣椒洗净切片。
❸ 取一支炒锅，加入1大匙食用油，放入做法1处理好的吻仔鱼先爆香，再加入做法2的所有材料，翻炒均匀。
❹ 将做法1拌匀的饭中间包入做法3的材料，再塑成三角形、撒上香松即可。

苜宿芽蔬菜卷

材料
全麦蛋饼皮3张，苜蓿芽1盒，小黄瓜1根，红甜椒1/2个，奶酪片3片，葡萄干1大匙，鸡蛋2个，西红柿1个，食用油适量

调料
番茄酱1大匙，沙拉酱2大匙，盐少许，黑胡椒少许

做法
❶ 将小黄瓜洗净切小条；红甜椒和西红柿洗净切丝；苜蓿芽洗净，备用。
❷ 取一平底锅，加入适量油，打入鸡蛋后以中火将鸡蛋煎熟成荷包蛋。
❸ 将全麦蛋饼皮放锅中煎熟后取出，在饼皮上放入做法1的苜蓿芽、小黄瓜条、红甜椒丝、西红柿丝、葡萄干、做法2的荷包蛋与奶酪片，加所有调料，缓缓地卷起即可。

法式煎吐司

材料
厚片吐司1片，鸡蛋2个，鲜奶300毫升，奶油20克，奶酪1小块

调料
白糖1小匙

做法
1. 将鲜奶、鸡蛋与白糖加入钢盆中，混合搅拌均匀，备用。
2. 取厚片吐司放入做法1中泡软，备用。
3. 取一支平底锅，加入奶油加热至融化，再将泡软的吐司放入锅中，以小火煎至双面上色，摆上奶酪块即可。

鸡蛋吐司

材料
鸡蛋2个，吐司2片

调料
奶酪丝适量

做法
1. 先将吐司切去四边，撒上奶酪丝，再将切下来的吐司条摆回吐司上围边；烤箱转至150℃，预热5分钟备用。
2. 将做法1的吐司放入预热好的烤箱中，以150℃烤约3分钟后取出。
3. 将鸡蛋打至做法2烤好的吐司上，放入烤箱中以150℃烤约5分钟至鸡蛋熟即可。

莎莎酱三明治

材料

裸麦面包1个，苜蓿芽1/2盒，火腿3片，小黄瓜1/3根，西红柿1个，洋葱1/2个，大蒜2瓣，红辣椒1/3根，香菜1根

调料

沙拉酱1大匙，盐少许，黑胡椒少许，橄榄油2大匙，番茄酱1大匙

做法

❶ 将裸麦面包略烤过，中间划刀切开后抹上一层薄薄的沙拉酱；小黄瓜洗净切片。

❷ 香菜、红辣椒、大蒜、洋葱都洗净切成碎状；西红柿洗净切小丁，与盐、黑胡椒、橄榄油、番茄酱混合拌匀成莎莎酱。

❸ 将裸麦面包先放入洗净的苜蓿芽，加入做法1的小黄瓜片、火腿片，再加入做法2的莎莎酱即可。

培根蛋三明治

材料

白吐司2片，生菜2片，培根3片，鸡蛋1个，西红柿片2片，小黄瓜片2片，紫洋葱片2片

调料

传统沙拉酱1/2大匙

做法

❶ 白吐司放入烤面包机内烤至金黄色后取出，抹上沙拉酱备用。

❷ 鸡蛋和培根煎熟，备用。

❸ 依序叠上做法1的1片吐司、西红柿片、做法2的煎蛋、小黄瓜片、做法2的培根、紫洋葱片、做法1的1片吐司即可。

烤肉三明治

材料
鸡蛋1个，猪里脊2片，吐司3片，西红柿1个，小黄瓜1根，生菜1片，葱丝少许

腌料
酱油1小匙，白糖少许，香油1小匙，蒜末30克

调料
沙拉酱1大匙

做法
1. 猪里脊片拍扁，放入混合均匀的腌料中腌制约2分钟，再放入预热好的烤箱，以约190℃烤约5分钟备用。
2. 将鸡蛋煎熟；吐司烤上色后抹上沙拉酱；西红柿和小黄瓜洗净切片；生菜洗净。
3. 取做法2烤好的吐司放入生菜、西红柿片、小黄瓜片与做法1烤好的猪里脊片、做法2的煎蛋，点缀上葱丝即可。

鸡丝三明治

材料
法式面包1/2段，鸡胸肉1片，虾仁50克，洋葱1/3个，红甜椒1/4个，生菜2片，葱丝少许

调料
黄芥末1小匙，沙拉酱1小匙，盐少许，白胡椒少许

做法
1. 鸡胸肉洗净后放入沸水中煮熟，再将鸡胸肉撕成丝状，备用。
2. 将虾仁洗净放入沸水中汆烫，再捞起沥干；洋葱与红甜椒洗净切成圈状，备用。
3. 所有调料放入容器中，搅拌均匀成酱。
4. 法式面包切斜刀，将做法3的酱涂抹在法式面包中间，放入生菜、洋葱圈、红甜椒圈、鸡肉丝、虾仁，再加少许沙拉酱（材料外）、黑胡椒（材料外）和葱丝即可。

奶酪三明治

📋 材料
梅花肉片	120克
奶酪片	2片
全麦吐司	2片
蟹味菇	50克
大蒜	2瓣
红甜椒丝	20克
洋葱丝	20克
生菜	2片
西红柿	1/3个
食用油	1大匙

📋 调料
番茄酱	2大匙
白糖	1小匙
酱油	1小匙
盐	少许
黑胡椒	少许
水	2大匙

📋 做法
❶ 蟹味菇洗净去蒂切小段；大蒜和西红柿洗净切片；生菜洗净。

❷ 将一片全麦吐司放入平底锅中，摆上奶酪片，以小火煎上色后取出。

❸ 取一支炒锅，加入1大匙食用油，放入洋葱丝、红甜椒丝、蒜片，以中火先爆香，再加入蟹味菇段、梅花肉片炒香，放入所有调料以中火略煮至收汤汁。

❹ 取一片全麦吐司，包入做法1的生菜、西红柿片和做法3炒好的梅花肉片，再盖上做法2的全麦吐司即可。

手指三明治

📋 材料
白吐司2片，小黄瓜3根，胡萝卜30克，生菜2片，圣女果2片

🧂 调料
酸奶1大匙，沙拉酱2大匙，盐少许，白胡椒少许，奶油10克

🍳 做法
1. 小黄瓜与胡萝卜洗净后切成丝状，用少许盐抓匀，再去除水分备用。
2. 将所有调料（奶油除外）混合搅拌均匀，再加入做法1的小黄瓜丝与胡萝卜丝拌匀。
3. 白吐司先抹上少许奶油，再将做法2的材料平铺在吐司上，盖上另一片吐司成三明治，去边后再切三等份，摆入铺有生菜的盘内，饰以黄瓜片和圣女果片即可。

蔬菜三明治

📋 材料
五谷杂粮吐司3片，小黄瓜丝20克，苜蓿芽5克，甜玉米粒10克，小豆苗5克，生菜丝2克，胡萝卜丝10克

🧂 调料
市售番茄酱1小匙

🍳 做法
1. 五谷杂粮吐司放入烤面包机中烤至金黄，涂上番茄酱，备用。
2. 依序叠上做法1的1片吐司、小豆苗、苜蓿芽、胡萝卜丝、做法1的1片吐司、生菜丝、玉米粒、小黄瓜丝、做法1的1片吐司。
3. 取面包刀中间对切成两个三明治即可。

热狗三明治

材料
船形面包1个，甜玉米粒50克，德式热狗1根，生菜2片，西红柿片5片，食用油少许

调料
传统沙拉酱1/2大匙，黑胡椒少许

做法
1. 船形面包中间切开后，放入烤箱内以150℃烤至金黄色后取出备用。
2. 将热狗入油锅煎熟备用。
3. 甜玉米加入沙拉酱拌匀，填入做法1的船形面包内，备用。
4. 再摆上生菜、做法2的热狗、西红柿片并撒上黑胡椒即可。

芦笋三明治

材料
去边白吐司4片，熟芦笋段50克，苹果片30克

调料
传统沙拉酱1大匙

做法
1. 将吐司涂上沙拉酱。
2. 依序叠上做法1的1片吐司、部分苹果片、做法1的1片吐司、熟芦笋段、做法1的1片吐司、剩余苹果片、做法1的1片吐司，对切即可。

鲔鱼三明治

材料
鲔鱼罐头1罐，可颂面包2个，生菜2片，西红柿1/2个，洋葱1/3个，葱1根

调料
沙拉酱2大匙，柠檬汁少许，香油1小匙，盐少许，黑胡椒少许

做法
1. 将鲔鱼取出沥干水分；洋葱切碎；葱洗净切葱花；西红柿洗净切片，备用。
2. 可颂面包以面包刀斜切不要断，备用。
3. 将做法1的鲔鱼肉、洋葱碎、葱花和所有调料混合搅拌均匀成内馅。
4. 做法2切好的可颂面包先夹入生菜，再加入西红柿片，最后夹入做法3的内馅即可。

熏鲑鱼三明治

材料
可颂面包1个，市售烟熏鲑鱼100克，洋葱丝10克，红生菜2片

调料
凯撒沙拉酱1小匙

做法
1. 可颂面包放入烤箱内以150℃烤约3分钟后取出，再从侧边切开但不切断，里面抹上凯撒沙拉酱备用。
2. 依序夹入洗好的红生菜、洋葱丝、烟熏鲑鱼即可。

照烧肉三明治

材料

白吐司	2片
猪里脊	120克
洋葱	1/3个
生菜	2片
小黄瓜丝	20克
红甜椒	1/3个
食用油	1大匙

调料

市售烧肉酱 300克

做法

❶ 将白吐司放入平底锅中，双面煎至上色；洋葱洗净切圈；红甜椒洗净切片，备用。

❷ 取一支炒锅，加入1大匙食用油，再加入市售烧肉酱，以中火略煮。

❸ 将猪里脊略拍扁拍松，先放入锅中略煎至表面变色，再放入做法2的照烧酱汁中，以中火煮约8分钟。

❹ 取做法1的1片吐司，放入洗净的生菜、红甜椒片、洋葱圈、做法3的肉片、小黄瓜丝，再盖上另一片吐司即可。

奶酪培根贝果

材料
贝果面包1个，奶酪片2片，培根2片，洋葱1/3个，西红柿1/3个，鸡蛋1个，食用油适量

调料
沙拉酱1大匙，番茄酱1小匙

做法
1. 贝果面包对切，再抹上一层薄薄的沙拉酱；洋葱与西红柿洗净切成圈状；鸡蛋放入油锅中煎熟备用。
2. 将培根放入平底锅中，以小火煎至双面上色且熟，再取出吸干油脂后切小段。
3. 取贝果面包加入洋葱圈、西红柿圈、奶酪片、煎蛋和培根，加少许的番茄酱即可。

塔塔酱贝果

材料
贝果面包1个，熏鸡胸肉1/2片，生菜2片，西红柿1/3个，洋葱1/3个

调料
酸黄瓜碎30克，蒜末30克，沙拉酱50克，盐少许，黑胡椒少许，葱碎10克

做法
1. 先将熏鸡胸肉切成小片状；贝果对切；生菜洗净；西红柿与洋葱洗净切圈，备用。
2. 所有调料混合搅拌均匀成塔塔酱，备用。
3. 贝果底座部分先加入生菜，放上西红柿圈与洋葱圈，再加入熏鸡胸肉片，最后再将做法2的塔塔酱淋在熏鸡胸肉上即可。

鲔鱼贝果

材料
原味贝果面包2个，鲔鱼罐头1罐，洋葱末20克，生菜2片，西红柿片6片，紫洋葱圈少许

调料
沙拉酱10克，黑胡椒粉少许，盐少许

做法
❶ 将鲔鱼肉取出沥干油分，加入洋葱末、少许沙拉酱及黑胡椒粉、盐拌匀备用。
❷ 取一贝果横切为二，先涂上剩余沙拉酱，再依序放入生菜、西红柿片、做法1的鲔鱼沙拉和紫洋葱圈即可。

牛肉火腿贝果

材料
贝果1个，黑胡椒牛肉火腿30克，柳橙1个，西红柿1/3个，西蓝花10克，洋葱50克，生菜15克

调料
沙拉酱50克，奶油适量，盐少许

做法
❶ 将柳橙一部分去皮取肉，剩下的部分挤汁，与沙拉酱混合成为橙香沙拉酱备用。
❷ 西蓝花洗净烫熟；洋葱洗净切细丝，用奶油炒软出甜味，以少许盐调味备用。
❸ 西红柿、黑胡椒牛肉火腿切成薄片备用。
❹ 贝果先涂上适量做法1的橙香沙拉酱，再依序放上生菜、做法3的西红柿薄片、黑胡椒牛肉火腿薄片、做法2的西蓝花和炒洋葱，最后摆上做法1的柳橙肉，再淋上剩余橙香沙拉酱即可。

牛肉经典汉堡

材料
牛绞肉200克，洋葱1/3个，酸黄瓜1根，大蒜3瓣，汉堡包1个，西红柿1/3个，红辣椒、小黄瓜各1/3根，生菜1片，酸黄瓜碎30克

调料
A1酱1小匙，盐少许，黑胡椒少许，沙拉酱1大匙，淀粉1小匙，番茄酱1大匙，蛋清15克

做法
❶ 酸黄瓜、大蒜、红辣椒洗净切碎。

❷ 西红柿、小黄瓜洗净切片；洋葱切圈；生菜洗净。

❸ 牛绞肉放入容器，加入所有调料、做法1的材料拌匀，摔打出筋后塑成圆形，再放入平底锅，以中火煎至双面上色至熟。

❹ 汉堡包依次放入生菜、小黄瓜片、西红柿片、洋葱圈、煎好的汉堡肉及酸黄瓜碎。

嫩蛋火腿堡

材料
汉堡包1个，鸡蛋2个，火腿片2片，西红柿1/2个，苜蓿芽1/4盒，小黄瓜1根，食用油适量，鲜奶100毫升

调料
奶油1小匙，盐少许，白胡椒少许，沙拉酱1小匙

做法
❶ 将汉堡包与火腿片放入油锅中，以小火煎上色；西红柿和小黄瓜洗净切片，备用。

❷ 鸡蛋敲入容器中，加入鲜奶、盐和白胡椒搅拌均匀成蛋液；取一平底锅，放入奶油，倒入蛋液，以中小火炒至熟。

❸ 做法1的汉堡包里抹上沙拉酱后包入苜蓿芽，依序加入做法1的火腿片、小黄瓜片、西红柿片，再将炒好的嫩蛋包入即可。

火腿潜艇堡

材料
法国面包1/2段，火腿2片，小黄瓜1根，西红柿1个，苜蓿芽1/3盒，生菜2片，酸黄瓜片20克

调料
黄芥末1大匙

做法
❶ 法国面包切斜刀，放入烤箱中稍微加热；西红柿、小黄瓜和酸黄瓜洗净切片，备用。

❷ 做法1烤好的面包先涂抹上黄芥末，加入洗净的生菜、苜蓿芽、小黄瓜片与西红柿片，再加入火腿片，最上面再加入酸黄瓜片即可。

熏鸡可颂

材料
可颂面包1个，生菜2片，洋葱圈适量，小黄瓜片5片，西红柿片2片，熏鸡肉40克

调料
沙拉酱少许，黑胡椒粉少许

做法
❶ 可颂面包从中间横切一刀但不切断，放入烤箱中烤软。

❷ 在做法1烤好的可颂内，涂上沙拉酱，夹上生菜、洋葱圈、西红柿片和小黄瓜片。

❸ 最后再放入熏鸡肉，撒上黑胡椒粉即可。

蛋沙拉可颂

材料
可颂面包1个，生菜1片，生菜丝少许，西红柿片3片，水煮蛋片4片

调料
沙拉酱适量，千岛沙拉酱少许

做法
❶ 可颂面包从中间横切一刀但不切断，放入烤箱中烤软备用。

❷ 取做法1的可颂面包，在切面涂抹上沙拉酱，依序放入生菜、生菜丝、西红柿片和水煮蛋片，再挤上千岛沙拉酱即可。

火腿可颂

材料
可颂面包1个，生菜适量，火腿片2片，切达奶酪片1片，高达奶酪片1片

调料
奶油适量

做法
❶ 将生菜洗净泡冰水，沥干备用。

❷ 可颂面包横切，涂上奶油，放入烤箱烤热后取出备用。

❸ 火腿、奶酪片斜切成三角片，一层火腿一层奶酪卷起。

❹ 将准备好的生菜与火腿奶酪卷分别夹入可颂面包即可。

鸡肉口袋饼

📋 材料
鸡肉丝80克，洋葱丝10克，蘑菇片10克，红甜椒丝少许，黄甜椒丝少许，生菜叶2片，小黄瓜片少许，市售胡萝卜口袋饼1个，食用油少许

📋 调料
红椒粉1大匙，白酒1大匙，盐1/4小匙

📋 做法
❶ 锅烧热倒入食用油，炒香洋葱丝，再加入蘑菇片、鸡肉丝和所有调料拌炒均匀即为墨西哥鸡肉馅料。

❷ 将胡萝卜口袋饼放进烤箱略烤至热后切开，在其口袋中依序放入生菜叶、小黄瓜片、红甜椒丝、黄甜椒丝和做法1的墨西哥鸡肉馅即可。

鲔鱼口袋饼

📋 材料
口袋饼2个，洋葱丁30克，西红柿丁30克，鲔鱼罐头1罐，生菜2片

📋 调料
盐3克，黑胡椒1/2茶匙，沙拉酱1大匙

📋 做法
❶ 口袋饼放入烤箱中加热40秒，或微波加热20秒，或放进干锅以小火加热20秒皆可。

❷ 鲔鱼、洋葱丁、西红柿丁、盐、沙拉酱和黑胡椒搅拌均匀，即为鲔鱼洋葱酱。

❸ 生菜洗净撕小片，铺在口袋饼内，再填入鲔鱼洋葱酱即可。

海鲜口袋饼

材料

虾仁8尾，鱼片50克，墨鱼丁20克，洋葱丝10克，豆芽菜10克，紫洋葱圈2圈，生菜3片，苜蓿芽少许，红辣椒末2克，蒜末5克，市售胡萝卜口袋饼1个，食用油适量

调料

白糖1/4小匙，鱼露1茶匙，甜辣酱1大匙

做法

❶ 锅烧热，倒入食用油，炒香洋葱丝，再加入虾仁、鱼片、墨鱼丁、红辣椒末、蒜末、所有调料和豆芽菜拌匀即为辣味海鲜馅料。

❷ 将胡萝卜口袋饼放进烤箱略烤至热后切开，再放入生菜、紫洋葱圈、苜蓿芽及做法1的辣味海鲜馅料即可。

全麦口袋饼

材料

全麦口袋饼1个，苹果薄片40克，菊苣2片，茄子20克，青椒15克，西红柿丁15克，蒜末5克，香芹末少许，紫卷心菜丝少许

调料

黑胡椒少许，盐1/3小匙

做法

❶ 将茄子、青椒洗净放入预热过的烤箱中烤熟，取出切细末，和西红柿丁、蒜末、香芹末、黑胡椒和盐拌匀，即为内馅。

❷ 将口袋饼切开一个开口，放入预热过的烤箱中烤热。

❸ 于做法2的口袋饼中铺上菊苣、苹果薄片、紫卷心菜丝，再铺入做法1的内馅即可。

大亨堡烧面

材料

大亨堡面包1个，油面100克，洋葱1/3个，大蒜3瓣，红辣椒1/3根，红甜椒1/4个，生菜2片，葱丝少许，红辣椒丝少许，水淀粉适量，食用油1大匙

调料

市售黑胡椒50克，奶油1大匙

做法

❶ 先将洋葱洗净切丝；大蒜与红辣椒洗净切片；红甜椒洗净切丝，备用。

❷ 取一支炒锅，加入1大匙食用油，放入做法1的材料以中火先爆香，再加入油面与所有调料翻炒均匀，再加入水淀粉勾薄芡。

❸ 取大亨堡面包先包入生菜，将做法2炒好的面慢慢放入面包中，最后再放上葱丝与红辣椒丝装饰即可。

海鲜炒面面包

材料

船形面包1个，综合海鲜50克，油面20克，葱段2克，洋葱丝5克，生菜1片，食用油少许

调料

传统沙拉酱1/2大匙，酱油1/4小匙，胡椒粒1/4小匙，水1大匙

做法

❶ 船形面包中间切开但不切断，放入烤箱内以150℃烤至金黄色后取出，中间铺上洗净的生菜，备用。

❷ 锅内放入少许油炒香葱段、洋葱丝，加入综合海鲜、油面、所有调料以小火炒匀。

❸ 将做法2的材料填入做法1的船形面包内即可。

培根土豆炒蛋

材料
土豆1个，鸡蛋2个，培根2片，红辣椒1/3根，大蒜3瓣，洋葱1/3个，葱1根，食用油1大匙

调料
奶油1大匙，盐少许，黑胡椒少许，西式综合香料少许

做法
1. 土豆洗净后切成小块状，再放入沸水中煮软；鸡蛋打散成蛋液，备用。
2. 培根切小片；大蒜与红辣椒洗净切片；洋葱洗净切丝；葱切葱花备用。
3. 取一支炒锅，倒入1大匙食用油，放入做法2的所有材料爆香，再加入做法1的土豆块，以中火先炒香。
4. 续加入做法1的蛋液一起翻炒均匀，再加入所有调料，翻炒均匀即可。

西班牙煎蛋

材料
鸡蛋4个，红甜椒丝15克，黄甜椒丝15克，小松菜30克，面粉1大匙

调料
盐1/2茶匙，奶油1茶匙，奶酪丝50克，鲜奶油1茶匙

做法
1. 鸡蛋加入盐和面粉混合拌匀成面糊。
2. 取平底锅，放入奶油至融化后，倒入做法1的面糊，以中火煎至面糊快熟时，放进红甜椒丝、黄甜椒丝、小松菜，再翻面煎至表面熟后盛盘。
3. 将奶酪丝放入鲜奶油内加热，呈稠丝状，再淋至做法2的煎蛋上即可。

蔬菜欧姆蛋

材料
鸡蛋4个，青椒丁15克，西红柿丁50克，洋葱丁15克，奶酪50克

调料
奶油1大匙，盐1茶匙，胡椒粉1/2茶匙，番茄酱1大匙

做法
❶ 鸡蛋打破，加入盐和胡椒粉混合拌匀。
❷ 取平底锅，放入奶油至融化后，倒入做法1的蛋液，以中火煎约1分钟，蛋液将熟时，再把青椒丁、西红柿丁、洋葱丁和奶酪放在蛋上，稍稍煎一下再将蛋皮对折盖上，起锅即可，搭配番茄酱一同食用。

湖南蛋

材料
水煮蛋3个，豆豉末5克，红辣椒末10克，香菜末5克，姜末5克，食用油适量

调料
酱油1大匙，白糖1小匙，香油1大匙

做法
❶ 水煮蛋剥壳后，切厚片状，放入油锅煎至略金黄色后，盛于盘中。
❷ 另热锅加少许油，将豆豉末、红辣椒末、香菜末、姜末放入锅中炒香，再加入酱油、白糖、香油拌炒匀后，淋在做法1的蛋上即可。

葱味煎薄蛋

📋 材料
鸡蛋4个，葱1根，红辣椒1根，食用油1大匙

🧂 调料
盐少许，白胡椒粉少许，香油1小匙

🍳 做法
1. 取2个鸡蛋放入水中煮熟，再去壳切片；葱和红辣椒洗净切碎，备用。
2. 将另外2个鸡蛋打破，和所有调料一起搅拌均匀，备用。
3. 取一炒锅，加入1大匙食用油，再放入做法1的鸡蛋片、做法2的蛋液，以中小火煎至上色，最后加入准备好的葱碎和红辣椒碎炒香即可。

烧饼奶酪蛋

📋 材料
鸡蛋1个，市售芝麻烧饼1份，奶酪片1片，无糖豆浆30毫升，香菜末、细芦笋、食用油各适量

🧂 调料
盐适量，白胡椒粉适量，橄榄油1小匙

🍳 做法
1. 芝麻烧饼放入烤箱略烤至香酥，备用。
2. 芦笋洗净放入沸水中汆烫约15秒，泡入冷水中至冷却，沥干水分，与橄榄油和少许盐、胡椒粉拌匀，备用。
3. 鸡蛋打破，与豆浆、香菜末、剩余盐和胡椒粉混匀。
4. 热一锅，放入少许油，倒入做法3的蛋液煎至半熟，放入奶酪片，将蛋饼折成四方形，煎至双面香气释出，盛起备用。
5. 将做法2、4的材料夹入做法1的烧饼中。

滑蛋虾仁

材料

鸡蛋4个，虾仁100克，葱花15克，香菜碎少许，食用油2大匙

调料

盐1/4茶匙，米酒1茶匙，水淀粉2大匙

做法

❶ 虾仁挑去肠泥，背部剖开后入锅氽烫，水开后5秒即捞出冲凉沥干。

❷ 鸡蛋打入碗中，加盐打匀后加入氽烫好的虾仁、米酒、水淀粉及葱花拌匀。

❸ 热锅，倒入2大匙油，将鸡蛋再拌匀一次后倒入锅中，以中火翻炒至蛋凝固，装盘并撒上香菜碎即可。

荷包蛋

材料

鸡蛋1个，食用油2大匙

调料

盐少许

做法

❶ 热锅加入约2大匙油，润锅后将油倒出，锅底留少许油。

❷ 改转小火，倒入鸡蛋。

❸ 以小火煎至蛋边缘微金黄后，用锅铲将半边蛋铲起盖至另半边成荷包状。

❹ 加盐，续煎至定型即可盛起。

水波蛋

材料
鸡蛋2个，葱丝少许

调料
蛋黄1个，奶油1大匙，白醋1大匙，西式香料少许

做法
1. 鸡蛋洗干净，打入碗中备用。
2. 取汤锅，加入白醋，等待水开后用打蛋器不停地搅动，再放入做法1的鸡蛋缓缓搅动。
3. 搅动至鸡蛋半熟，捞起盛入容器中备用。
4. 将蛋黄打散，和其余调料一起放入锅中，以隔水加热方式，一边加热一边搅拌均匀，再淋在做法3的水波蛋上，最后撒上葱丝即可。

米蛋饼

材料
米饭100克，低筋面粉50克，鸡蛋2个，葱末30克，食用油2大匙

调料
盐1/4小匙，番茄酱少许，鸡精少许，白胡椒粉少许

做法
1. 将低筋面粉过筛，加入米饭、鸡蛋与所有调料（番茄酱除外）拌匀，再加入葱末拌匀成面糊，备用。
2. 取一平底锅，烧热后加入2大匙食用油，以汤勺取适量做法1的面糊加入锅中，转中小火煎至双面呈金黄色香酥状，重复此步骤直到材料用完即可，食用时搭配番茄酱即可。

蔬菜蛋饼烧

材料
鸡蛋2个，面粉30克，卷心菜40克，胡萝卜丁20克，毛豆20克，食用油适量

调料
盐1/2茶匙，大蒜酱油2大匙，清水240毫升

做法
❶ 卷心菜洗净切丝。

❷ 毛豆洗净放入沸水中余烫至变色后，捞起沥干备用。

❸ 面粉和清水混合拌匀，加入鸡蛋打散，再将卷心菜、胡萝卜丁、毛豆和盐放入拌匀。

❹ 取一平底锅，倒少许油烧热后，倒入做法3的面糊，小火煎至金黄色后，翻至另一面煎熟，取出切块，搭配大蒜酱油食用即可。

桂花蜜松饼

材料
苹果1个，香蕉1根，松饼粉200克，鸡蛋2个，葡萄4颗，西红柿1片，食用油少许

调料
鲜奶180毫升，桂花蜜1大匙

做法
❶ 将苹果洗净切成小片状；香蕉剥皮切片，备用。

❷ 松饼粉放入容器中，加入鲜奶、鸡蛋后搅拌均匀成面糊。

❸ 取一支平底锅，加入少许食用油，将做法2调好的面糊放入锅中，以小火略煎至上色后在松饼上摆上苹果片与香蕉片，再续煎至熟即可。

❹ 将做法3煎好的松饼取出，再淋上桂花蜜，放入盘中，饰以葡萄和西红柿片即可。

榛果蛋沙拉

📋 材料

土豆1个，鸡蛋2个，圣女果10颗，葡萄干1大匙，榛果20克

🧂 调料

沙拉酱2大匙，盐少许，黑胡椒少许，七味粉少许，辣椒粉少许

🍴 做法

❶ 土豆洗净去皮，放入沸水中以中火煮软，捞起沥干，切块；圣女果洗净切片；鸡蛋放入沸水中煮熟，切小块备用。

❷ 所有调料混合均匀，再加入做法1的材料混合拌匀。

❸ 将做法2的材料放入沙拉碗中，再撒入葡萄干、榛果即可。

鲜蔬沙拉

📋 材料

菊苣40克，紫洋葱丝10克，西红柿丁30克，小黄瓜片20克，鲔鱼罐头1/2罐，奶酪末10克

🧂 调料

市售法式油醋酱1大匙，黑胡椒粒少许

🍴 做法

❶ 菊苣洗净，撕成片状，放入盘中，再放入紫洋葱丝、西红柿丁和小黄瓜片。

❷ 续于做法1的盘中放上鲔鱼并撒上奶酪末，食用前淋上法式油醋酱，撒上黑胡椒粒即可。

鲑鱼烤松饼

材料

松饼粉	100克
鲑鱼肉	200克
玉米粒	50克
葱	1根
食用油	适量

调料

盐	少许
黑胡椒	少许
水	70毫升
香油	1小匙

做法

1. 鲑鱼肉洗净，放入平底锅中以中小火煎熟，再将熟鲑鱼肉剥散；玉米粒洗净；葱洗净切成葱花，备用。

2. 将松饼粉放入容器中，加入所有调料后搅拌均匀，再加入做法1的材料（鲑鱼肉只放1/2）混合拌匀成面糊。

3. 取一平底锅，加入适量油烧热，倒入做法2的面糊，以小火将其双面煎至上色且熟，再摆上其余1/2做法1的鲑鱼肉及葱花即可。

卷心菜沙拉

材料
卷心菜100克，胡萝卜30克，西红柿片适量，黄瓜片适量，酸黄瓜1根

调料
沙拉酱30克，盐5克，白胡椒粉1大匙

做法
❶ 卷心菜、胡萝卜皆洗净切成细丝状，加入盐抓均匀，放置约10分钟，等待蔬菜丝脱水后将水分充分挤干。
❷ 脱水后的蔬菜丝加入沙拉酱搅拌均匀，并以白胡椒粉调味，与西红柿片、黄瓜片和酸黄瓜摆入盘内即可。

酸辣春卷

材料
越式春卷皮2张，白虾6尾，罗勒3根，小黄瓜1根，豆芽菜30克，红辣椒1根

调料
泰式酸汤酱1小匙，水适量

做法
❶ 先将白虾洗净放入沸水中汆烫，再取出去壳；小黄瓜洗净切小条；红辣椒洗净切丝；豆芽菜洗净放入沸水中汆烫；罗勒洗净。
❷ 将所有调料搅拌均匀成酱汁备用。
❸ 将越式春卷皮稍微泡入冷水中，浸湿后放在砧板上，在春卷皮上摆上豆芽菜、小黄瓜条、白虾、罗勒、红辣椒丝，加入适量做法2的酱汁，再缓缓地将春卷皮卷起即可。

欧姆蛋

材料
鸡蛋3个，鲜奶30毫升

调料
盐1/4茶匙，无盐黄油3大匙，番茄酱适量

做法

❶ 鸡蛋打入碗中，加入鲜奶和盐，拌匀。

❷ 平底锅加热，加入无盐黄油至完全融化，开中火快速倒入蛋液。

❸ 一面加热，一面快速将鸡蛋搅拌均匀，让所有蛋液平均呈半凝固状态，用筷子将蛋饼翻卷至平底锅前缘加热定型。

❹ 再将鸡蛋轻轻翻面，让各面均匀受热并整成橄榄形盛入盘中，食用前再挤上适量番茄酱搭配即可。

奶酪欧姆蛋

材料
鸡蛋3个，鲜奶30毫升，奶酪丝100克

调料
盐1/4茶匙，无盐黄油3大匙，沙拉酱适量

做法

❶ 鸡蛋打入碗中，加鲜奶和盐，拌匀备用。

❷ 平底锅加热，加入无盐黄油至完全融化，开中火快速倒入蛋液。

❸ 一面加热，一面快速将鸡蛋搅拌均匀，让所有蛋液平均呈半凝固状态。

❹ 将奶酪丝铺放至平底锅前缘1/3处，再用锅铲将蛋液翻卷至平底锅前缘盖上奶酪，加热至定型。

❺ 再将鸡蛋轻轻翻面，让各面均匀受热并整成橄榄形，盛入盘中，挤上沙拉酱即可。

火腿欧姆蛋

材料
鸡蛋5个，火腿2片，洋葱1/2个，大蒜2瓣，奶酪丝2大匙，圣女果适量，豆苗适量，食用油1大匙

调料
鸡精少许，盐少许，黑胡椒粉少许，鲜奶油50克

做法
1. 鸡蛋打散，加所有调料搅拌均匀，再用筛网过滤；圣女果洗净，对切；豆苗洗净。
2. 火腿、洋葱切小丁；大蒜洗净切碎备用。
3. 取炒锅，先加入1大匙食用油，再放入做法2的材料以中火爆香后，盛出备用。
4. 将做法1的蛋液倒入做法3的锅中，再加入奶酪丝。
5. 中火煎至约六分熟，再将蛋皮包卷做法3的材料，配以圣女果和豆苗即可。

鲜蔬蛋卷

材料
鸡蛋3个，鲜奶50毫升，黄甜椒丝30克，青椒丝20克，红甜椒丝30克，洋葱丝20克，蒜末5克，西蓝花3朵，食用油3大匙

调料
盐1/2茶匙，黑胡椒粒少许

做法
1. 鸡蛋打破，加入鲜奶及1/4茶匙盐打匀；西蓝花洗净烫熟备用。
2. 另起锅加1大匙油，中火炒香蒜末、洋葱丝，加黄甜椒丝、青椒丝、红甜椒丝、1/4茶匙盐、黑胡椒粒炒至食材软化，起锅。
3. 另起锅加2大匙油烧热，倒入蛋液快速搅匀至半凝固，将做法2的材料铺放至前缘1/3处，用铲子将蛋卷起，翻面，让各面均匀受热成橄榄形，盛盘摆上西蓝花即可。

蕈菇欧姆蛋

材料
鸡蛋3个，鲜奶30毫升，柳松菇100克

调料
盐1/4茶匙，无盐奶油3大匙

做法
1. 柳松菇切去蒂头洗净切小段，备用。
2. 平底锅加热，加入1大匙无盐奶油，开中火，放入柳松菇炒至软化后盛起。
3. 鸡蛋打破，加入鲜奶和盐，拌匀备用。
4. 另起锅加入2大匙无盐奶油至完全融化，快速倒入蛋液，边加热，边快速将蛋液搅拌均匀，让所有蛋液平均呈半凝固状态。
5. 将做法2的材料铺放至锅前缘1/3处，再用锅铲将蛋液拨至平底锅前缘盖上，加热至定型，再将鸡蛋轻轻翻面，让各面均匀受热并整成橄榄形，盛入盘中即可。

金黄蛋炒饭

材料
米饭220克，葱花30克，蛋黄100克，食用油2大匙

调料
盐1/4茶匙，白胡椒粉1/6茶匙

做法
1. 蛋黄搅散备用。
2. 热锅，倒入约2大匙油，转中火放入米饭，将饭翻炒至饭粒完全散开。
3. 再加入葱花及所有调料，持续以中火翻炒至饭粒松香，最后将蛋黄淋至饭上并迅速拌炒至均匀、色泽金黄即可。

肉丝炒饭

材料
米饭220克，猪肉丝50克，葱花20克，熟青豆30克，西红柿60克，鸡蛋1个，食用油3大匙

调料
番茄酱2大匙，白胡椒粉1/6茶匙

做法
❶ 西红柿洗净切丁；鸡蛋打散备用。

❷ 热锅，倒入1大匙油，放入猪肉丝炒至熟后取出备用。

❸ 锅洗净后热锅，倒入约2大匙油，放入蛋液快速搅散至蛋略凝固，加入西红柿丁炒香。

❹ 转中火，续加入米饭、猪肉丝、熟青豆及葱花，将饭翻炒至饭粒完全散开。

❺ 最后加入番茄酱、白胡椒粉，持续以中火翻炒至饭粒松香均匀即可。

麻酱面

材料
阳春面120克，小白菜30克，葱花少许

调料
芝麻酱1大匙，凉开水2大匙，酱油膏1.5大匙，红葱油1大匙

做法
❶ 烧一锅水，水开后放入阳春面拌开，小火煮约1分钟，将面捞起沥干水分，放入碗中。

❷ 小白菜洗净，切段，汆烫熟后放至做法1的阳春面上。

❸ 将所有调料拌匀成酱汁，淋至做法2上，再撒上葱花，食用时拌匀即可。

沙茶拌面

材料

蒜末12克，阳春面90克，葱花6克

调料

沙茶酱1大匙，猪油1大匙，盐1/8茶匙

做法

❶ 将蒜末、沙茶酱、猪油及盐加入碗中一起拌匀。

❷ 取锅加水烧开后，放入阳春面用小火煮1~2分钟，期间用筷子将面条搅散开，煮好后将面捞起，并稍加沥干水分备用。

❸ 将做法2煮好的阳春面放入做法1的碗中拌匀，再撒上葱花即可。

叉烧捞面

材料

鸡蛋面120克，叉烧肉100克，绿豆芽50克，葱花少许

调料

蚝油1大匙，市售红葱油1大匙，凉开水1大匙

做法

❶ 烧一锅水，水开后放入鸡蛋面拌开，小火煮约1分钟，捞起沥干水分，放入碗中。

❷ 绿豆芽洗净氽烫熟后放至做法1的鸡蛋面上，再铺上切好的叉烧肉薄片。

❸ 将所有调料拌匀成酱汁，淋至做法2上，再撒上葱花，食用时拌匀即可。

酸辣拌面

材料
拉面100克，猪绞肉末60克，葱花5克，碎花生10克，香菜少许，食用油适量

调料
酱油1大匙，蚝油1大匙，香醋1大匙，白糖1/4茶匙，辣油2大匙，花椒粉1/8茶匙

做法
❶ 热锅加油，放入猪绞肉末以小火炒至松散，加入酱油炒至汤汁收干，取出备用。

❷ 将蚝油、香醋、白糖、辣油放入碗中拌匀成酱汁。

❸ 烧一锅水，水滚开后放入拉面拌开，小火煮约1.5分钟，捞起稍沥干，倒入碗中。

❹ 做法3撒上做法1的肉末、葱花、碎花生及花椒粉，淋上做法2的酱汁拌匀，撒上香菜即可食用。

肉末鸡丝面

材料
鸡丝面1把，新鲜豆腐皮1张，四季豆2根，猪绞肉30克，鸡高汤500毫升，食用油1小匙

调料
盐少许，白胡椒少许，酱油1小匙，香油1小匙，白糖1小匙

做法
❶ 将新鲜豆腐皮和四季豆洗净切丝，再一起放入沸水中氽烫至四季豆熟，备用。

❷ 取一支炒锅，加入1小匙食用油，放入猪绞肉以中火炒至肉变白且香味散出。

❸ 做法2再加入所有调料和高汤，煮约7分钟备用。

❹ 将鸡丝面放入沸水中煮软，再捞起沥干水放入碗中，加入做法3煮好的高汤，最后放入做法1的豆腐皮丝、四季豆丝装饰即可。

肉臊淋面

材料
市售猪肉臊罐头1罐，油面1把，豆干2片，大蒜2瓣，红辣椒1/3根，洋葱1/3个，葱末少许，食用油1大匙

调料
盐少许，白胡椒少许，酱油1小匙

做法
❶ 将豆干洗净切小丁；大蒜、红辣椒洗净切片；洋葱洗净切碎，备用。

❷ 取一支炒锅，先加入1大匙食用油，放入做法1的材料以中火爆香，再加入猪肉臊和所有调料一起炒香，煮至略收汤汁。

❸ 将油面放入沸水中氽烫过水，捞起沥干放入碗中，再淋入做法2的肉酱，摆上葱末装饰即可。

猪肝粥

材料
米饭150克，猪肝片120克，冬菜3克，芹菜末20克，市售高汤700毫升，上海青100克

调料
盐1/4茶匙，白胡椒粉1/10茶匙，香油1/2茶匙

做法
❶ 将米饭放入碗中，加入约50毫升高汤，用大匙将米饭压散备用；上海青洗净切碎。

❷ 其余高汤倒入小汤锅中煮开，将压散的米饭倒入高汤中，煮开后关小火，续煮约5分钟至米粒略糊，加入猪肝片，并用大匙搅拌开。

❸ 再煮约1分钟后加入盐、白胡椒粉、香油拌匀，起锅前加入冬菜、芹菜末及上海青碎，略拌开后装碗即可。

吻仔鱼粥

📋 材料
米饭150克，吻仔鱼50克，海带芽3克，芹菜末5克，葱丝5克，市售高汤700毫升，碎油条3克

🍶 调料
盐1/4茶匙，白胡椒粉1/10茶匙，香油1/2茶匙

📖 做法
❶ 将米饭放入碗中，加入约50毫升高汤，用大匙将米饭压散；海带芽泡发后沥干。

❷ 其余高汤倒入小汤锅中煮开，将压散的米饭倒入汤中，煮开后改小火。

❸ 小火煮约5分钟至米粒略糊，加入吻仔鱼及海带芽，并用大匙搅拌开。

❹ 再煮约1分钟后加入盐、白胡椒粉、香油搅拌均匀，起锅前加入芹菜末、葱丝和碎油条即可。

香葱燕麦粥

📋 材料
燕麦片80克，柴鱼片5克，葱1根

🍶 调料
盐1小匙，酱油2小匙，水300毫升

📖 做法
❶ 葱洗净，切成末。

❷ 将水倒入汤锅内煮沸，加入柴鱼片，等水再次沸腾后熄火。

❸ 待做法2的柴鱼片沉入锅底，以滤网滤出柴鱼汤。

❹ 续将做法3的柴鱼汤以小火烹煮，加盐和酱油拌匀。

❺ 于做法4中倒进燕麦片，边搅边煮约1分钟后，盛入碗中，再撒上做法1的葱末即可。

第二章

元气满载

中式早餐

传统的中式早餐不论是饭团、馒头，还是蛋饼、煎饼等，简单搭配一杯豆浆或米浆就很有饱足感，也可以把前一晚吃不完的剩饭一早拿来煮粥，再加点配菜食用，既不会浪费食材，又能使早餐更加丰富。早餐也可以食用各类汤品或汤面，让你一整天都元气满满！

烧肉卤蛋饭团

材料
长糯米300克，圆糯米100克，五花红烧肉、卤蛋、油条、酸菜、食用油、红辣椒、姜丝各适量

调料
白糖2大匙，盐少许

做法
1. 长糯米洗净浸泡5小时，与洗净的圆糯米一起放入电饭锅，取水量和米同高，按下煮饭键煮至开关跳起，翻松再焖15分钟。
2. 红辣椒洗净切丝；酸菜切条，加白糖腌30分钟后冲水沥干，再放入热锅炒干水分。
3. 原锅倒油，放入姜丝炒香，再加入做法2的酸菜丝、红辣椒丝和调料炒香即可。
4. 取适量做法1的米饭铺于耐热塑料袋上，再放入适量做法3的炒酸菜、五花红烧肉、卤蛋、油条，卷成长椭圆形即可。

猪排饭团

材料
糯米饭350克，猪里脊肉片2片，鸡蛋2个，肉松2大匙，炒酸菜2大匙，食用油适量

腌料
蒜末1/2茶匙，葱段10克，姜2片，酱油1大匙，白糖1/2茶匙，淀粉1/2茶匙

做法
1. 猪里脊肉片先放入腌料中浸泡30分钟，再取出放入油锅中煎至两面上色备用。
2. 鸡蛋打入锅中，煎成荷包蛋。
3. 隔热布上铺上保鲜膜，放上适量的糯米饭压平，再放入肉松、炒酸菜、荷包蛋和猪里脊肉片，再盖上适量糯米饭，捏紧成饭团即可。

中式经典饭团

材料

长糯米　　300克
圆糯米　　100克
蛋液　　　100克
葱　　　　1根
萝卜干　　100克
豆豉　　　5克
红辣椒　　1根
蒜末　　　5克
油条　　　适量
肉松　　　适量
沙拉酱　　适量
食用油　　适量

调料

水　　　　1大匙
盐　　　　少许
白胡椒粉　少许
白糖　　　1大匙

做法

❶ 圆糯米洗净；长糯米洗净浸泡5小时，与圆糯米一起放入电子锅，水量和米同高，煮至开关跳起，翻松再焖15分钟，备用。

❷ 葱洗净切花；蛋液加水、盐搅匀；热锅倒入少许油，炒香葱花，捞出放入蛋液中拌匀，再倒入锅中煎至两面金黄盛起。

❸ 萝卜干加1大匙白糖腌30分钟后冲水切丁；豆豉洗净；红辣椒洗净切末；另起锅，放入萝卜干丁炒干水分，再放入油、蒜末、豆豉、红辣椒末炒香成辣萝卜干盛起。

❹ 取适量做法1的米饭铺于耐热塑料袋上，再取适量做法3的辣萝卜干、肉松、做法2的葱花蛋、沙拉酱、油条，卷成长椭圆形。

肉松卤蛋饭团

材料

大米150克，十谷米150克，辣菜脯1大匙，炒酸菜1大匙，雪里红1大匙，肉松1大匙，卤蛋1/2个

做法

① 大米洗净、沥干；十谷米洗净，泡温水2小时，备用。

② 将做法1混合并加入480毫升水，入锅以一般煮饭方式煮至电子锅开关跳起，再焖约10分钟，即为十谷米饭。

③ 取120克做法2煮好的十谷米饭，平铺于装有棉布的塑料袋上，再依序放入辣菜脯、炒酸菜、雪里红、肉松、卤蛋，捏紧整成长椭圆形的饭团，并略施力气，压卷紧实即可。

综合饭团

材料

长糯米饭120克，鱼松少许，辣菜脯少许，炒酸菜少许，熟玉米粒少许，鲔鱼少许，油条1小段

做法

① 将长糯米饭平铺在装有棉布的塑料袋上，再将鱼松均匀地平铺在长糯米饭上。

② 在做法1的材料上依序放入辣菜脯、炒酸菜、熟玉米粒、鲔鱼、油条后，包卷捏制成椭圆形饭团即可。

五谷米饭团

材料
五谷饭1/2碗，萝卜干适量，海苔2小段，海苔粉适量

调料
米酒5毫升

做法
❶ 将萝卜干放入锅中略为干煎，备用。
❷ 将五谷饭拌入米酒和做法1的萝卜干，揉成椭圆形，围上海苔片。
❸ 于做法2的饭团上撒上海苔粉即可。

辣菜脯饭团

材料
加钙米饭120克，辣菜脯1大匙，炒酸菜1大匙，雪里红1大匙，葱花蛋1小片，油条1小段

做法
❶ 取出加钙米饭，平铺于装有棉布的塑料袋上。
❷ 依序放入辣菜脯、炒酸菜、雪里红、葱花蛋、油条，捏紧整成长椭圆形的饭团，并略施力气，压卷紧实即可。

鲔鱼酸菜饭团

材料
紫米40克，黑豆30克，大米300克，辣菜脯1大匙，炒酸菜1大匙，雪里红1大匙，鲔鱼罐头1大匙，葱花蛋1小片，油条1小段

做法
1. 紫米洗净泡温水2小时，沥干水分；大米洗净沥干放置1小时；黑豆洗净，干锅炒香。
2. 混合做法1的所有材料，加入480毫升水，放入电子锅中，按下煮饭键，跳起后再焖10分钟。
3. 取做法2的饭平铺于装有棉布的塑料袋上，依序放入辣菜脯、炒酸菜、雪里红、鲔鱼罐头、葱花蛋、油条，捏紧整成长椭圆形的饭团，并略施力气，压卷紧实即可。

紫米饭团

材料
长糯米300克，紫米100克，四季豆、萝卜干各100克，豆豉、蒜末各5克，红辣椒1根，油条、罐头甜玉米粒各适量

调料
盐少许，白胡椒粉少许，白糖5克

做法
1. 长糯米、紫米洗净，浸泡5小时，放入电子锅混合均匀，取水量和米同高，按下煮饭键煮至开关跳起，翻松再焖15分钟备用。
2. 红辣椒洗净切末；萝卜干加白糖腌30分钟后冲水切丁，入锅炒干水分，再放油、蒜末、豆豉、红辣椒末炒香；四季豆洗净，煮熟捞出，与甜玉米粒、油条一起切碎。
3. 取做法1的米饭铺于耐热塑料袋上，再放上做法2的材料，卷成长椭圆形即可。

养生饭团

材料

五谷米300克，圆糯米100克，薏米60克，红豆30克，南瓜籽20克

做法

① 圆糯米洗净沥干；五谷米、薏米、红豆一起洗净，用清水浸泡5小时。

② 将南瓜籽和做法1的材料一起放入电子锅，取水量和米同高，按下煮饭键，煮至开关跳起，翻松再焖15分钟备用。

③ 最后取适量做法2煮好的综合谷饭捏成饭团即可。

甜味饭团

材料

长糯米饭1碗，酸菜15克，原味花生粉1大匙，芝麻少许，油条1小段

调料

白糖少许

做法

① 酸菜炒过备用；原味花生粉与白糖一起拌匀后，即成为花生白糖粉备用。

② 取长糯米饭平铺在装有棉布的塑料袋上，再将做法1的花生白糖粉均匀地平铺在长糯米饭上面。

③ 继续依序放入做法1的酸菜、芝麻、油条后，再包卷捏制成椭圆形饭团即可。

玉米鲔鱼饭团

材料
鲔鱼罐头1罐，甜玉米粒80克，米饭适量，海苔适量

调料
沙拉酱30克，黑胡椒粉适量，盐少许

做法
1. 将鲔鱼取出，沥干水分并剥散，再加入甜玉米粒、沙拉酱、黑胡椒粉、盐一起拌匀，成内馅备用。
2. 取适量做法1的内馅包入米饭中捏紧成饭团，可依喜好裹上海苔。

火腿蛋饼

材料
葱油饼皮1张，火腿片2片，鸡蛋1个，葱花10克，食用油适量

调料
盐少许，酱油膏适量

做法
1. 鸡蛋打入碗中搅散，加入葱花和盐拌匀。
2. 取锅，加入少许油烧热，放入火腿片，再倒入做法1的蛋液，盖上葱油饼皮煎至两面金黄，包卷成圆条状盛起，切段后淋上酱油膏即可。

培根蛋薄饼卷

材料
市售蛋饼皮1张，培根2片，洋葱丝30克，鸡蛋1个，食用油2茶匙

做法
1. 平底锅加热，倒入约1茶匙食用油，放入培根片煎香后取出。
2. 于做法1的锅中再加入1茶匙食用油，锅加热后放入蛋饼皮煎至金黄后铲出，倒入打散的鸡蛋，再盖上饼皮煎约1分钟，煎至鸡蛋熟即可取出。
3. 将做法1的培根及洋葱丝放入做法2的饼皮中，卷起饼皮成圆筒状即可。

蔬菜蛋饼

材料
市售蛋饼皮1张，卷心菜丝50克，罗勒叶少许，鸡蛋1个，食用油少许

调料
盐少许，辣椒酱少许

做法
1. 鸡蛋打入碗中搅散，加入卷心菜丝、罗勒叶和盐拌匀备用。
2. 取锅，加入少许油烧热，倒入做法1的蛋液，再盖上蛋饼皮煎至两面金黄即可盛起切片。
3. 食用时可搭配辣椒酱。

中式蛋饼

材料
鸡蛋1个，葱1根，食用油适量，蛋饼皮1张

调料
盐少许

做法
1. 葱洗净切细末，备用。
2. 将鸡蛋打散，与做法1的葱和盐混合均匀成蛋液。
3. 热锅，倒入食用油，放入做法2的蛋液，用中火煎至半熟时盖上饼皮，翻面煎至饼皮略上色，卷起切成适当大小盛盘即可。

火腿玉米蛋饼

材料
蛋饼皮1片，火腿2片，玉米粒4大匙，玉米酱2大匙，食用油适量

调料
市售甜辣酱2大匙

做法
1. 蛋饼皮放入油锅中煎40秒后翻面，摆上2片火腿、玉米粒，再淋上玉米酱，稍煎一下，再以铲子包卷起来，分切成小块后盛盘。
2. 搭配甜辣酱一起食用即可。

蛋饼卷

材料
蛋饼皮1张，卷心菜丝160克，鸡蛋1.5个，食用油少许

调料
盐少许

做法

❶ 将卷心菜丝放入碗中，打入鸡蛋并撒上盐充分拌匀备用。

❷ 平底锅倒入少许油烧热，先放入蛋饼皮，再倒入做法1的材料，开小火烘煎至蛋液凝固，翻面后再倒入少许油，继续烘煎至饼皮外观呈金黄色，趁热包卷起来盛出。

❸ 将做法2的蛋饼卷分切成块即可。

素肉松蛋饼卷

材料
蛋饼皮1张，鸡蛋1个，葱花10克，食用油少许

调料
盐少许，素肉松3大匙

做法

❶ 鸡蛋打入碗中搅散，加入葱花和盐拌匀。

❷ 取锅，加入少许油烧热，倒入做法1的蛋液，再盖上蛋饼皮煎至两面金黄。

❸ 续将素肉松铺在葱花蛋上，卷成圆筒状，斜角对切成两等份即可食用。

卷心菜厚蛋饼

材料
鸡蛋2个，低筋面粉10克，水20毫升，卷心菜120克，大馄饨皮2片，食用油适量

调料
盐少许，白胡椒粉少许

做法
1. 低筋面粉与水混合拌匀成面糊，取少许面糊将2张大馄饨皮黏合成一个长方形。
2. 剩余面糊加鸡蛋、盐、白胡椒粉拌成蛋汁，再加洗净的卷心菜丝拌匀。
3. 热锅，倒入适量食用油，铺上做法1的馄饨皮，再于馄饨皮上放入做法2的卷心菜丝与蛋汁，再次淋入适量食用油于锅边。
4. 转动做法3的馄饨皮，待煎至略为酥硬时，翻面让卷心菜丝煎熟，再翻回正面，对折成两段并切段即可。

油条蛋饼

材料
鸡蛋1个，油条1根，葱油饼1张，食用油适量

调料
海山酱20克

做法
1. 将鸡蛋打散成蛋液；油条对半切备用。
2. 平底锅倒入少许油，将蛋液略煎，尚未凝固时将葱油饼立刻放在蛋液上，以中火煎熟至两面呈金黄色。
3. 刷上海山酱，放上油条，再卷成长筒状即可食用。

培根玉米蛋饼

中筋面粉	300克
淀粉	100克
水	500毫升
培根片	2片
玉米粒	60克
鸡蛋	1个
葱花	10克
食用油	适量

调料

盐	少许

做法

❶ 中筋面粉过筛，加入淀粉和少许盐稍拌匀，倒入水拌成面糊，盖上保鲜膜静置约20分钟备用。

❷ 取平底锅，抹上少许油烧热，分次倒入适量做法1的面糊，稍摇晃锅身让面糊摊平，以小火煎至厚蛋饼皮定型，翻面续煎至均匀上色即可。

❸ 鸡蛋打入碗中，再加入葱花、玉米粒和剩余盐拌匀备用。

❹ 取锅加少许油，放入培根片小火煎香盛出备用。

❺ 续于锅中倒入做法3的材料，放入做法4的培根片后，盖上厚蛋饼皮，以小火煎至定型，翻面续煎至外观略呈金黄，卷起盛出切块即可。

吻仔鱼厚蛋饼

材料
厚蛋饼皮1张，吻仔鱼50克，胡萝卜丝15克，鸡蛋1个，葱花10克，姜末5克，食用油1大匙

调料
盐少许，白糖少许，胡椒粉1/4小匙，米酒1小匙，香油少许，淀粉少许

做法
① 吻仔鱼洗净沥干水分。

② 鸡蛋打入碗中，加入葱花、姜末和所有调料拌匀，再加入做法1的材料、胡萝卜丝再次拌匀备用。

③ 取锅，倒入1大匙油烧热，倒入做法2的材料摊平，盖上厚蛋饼皮，以小火煎至定型，翻面续煎至外观略呈金黄，卷起盛出切块即可。

馒头肉松夹蛋

材料
馒头2个，鸡蛋2个，葱花10克，肉松2大匙

调料
盐少许

做法
① 馒头横切一刀不断，入锅蒸软。

② 鸡蛋打破，加葱花和盐拌匀，入锅煎至金黄整成长方形。

③ 续将葱花蛋对切成两片，放入做法1的馒头中，再夹入肉松即可。

馒头夹火腿

材料
馒头1个，奶酪1片，火腿1片，西红柿1/4个，小黄瓜1/4根，生菜1片，食用油适量

调料
盐1/4茶匙，醋1/4茶匙，沙拉酱1/2茶匙

做法
① 馒头先放入电饭锅中（外锅加入60毫升水）蒸热。

② 小黄瓜洗净刨丝，西红柿洗净切薄片，都以盐和醋抓腌10分钟，再沥干水分。

③ 生菜洗净切丝。

④ 火腿放入油锅中煎至两面熟。

⑤ 馒头横剖但不切断，在馒头内面均匀涂上薄薄的一层沙拉酱，再摆入生菜丝、小黄瓜丝、西红柿片、火腿片和奶酪片即可。

葡萄干红薯卷

材料
小型红薯1个，红葡萄干20克，绿葡萄干20克，蔓越莓干20克，润饼皮2张，熟核桃碎30克

调料
熟黄豆粉5克，白糖2克

做法
① 将红薯洗净，不去皮放入电饭锅中蒸熟，剖半切长条，中间再划一刀不切断。

② 取一润饼皮铺平，撒上混合好的熟黄豆粉和白糖，放上做法1的半条红薯，撒上果干和核桃碎，卷起包好即可。

辣鲔鱼刈包

材料
市售刈包2个，青椒2根，水煮蛋1个，菠菜100克，鲔鱼罐头1罐，熟白芝麻适量

调料
盐适量，黑胡椒粉适量，香油1小匙，盐适量，白胡椒粉适量，辣椒粉适量

做法
1. 青椒洗净去籽切细末；鲔鱼罐头沥干水分，备用。
2. 将做法1的材料和盐、黑胡椒粉拌匀。
3. 菠菜洗净，入沸水汆烫，捞出泡水至完全冷却，沥干水分，切3厘米长段，和香油、白胡椒粉、辣椒粉、熟白芝麻拌匀。
4. 取一刈包，依序夹入做法3的菠菜、切成片的水煮蛋、做法2的材料即可。

卷心菜刈包

材料
刈包1个，大蒜1瓣，卷心菜200克，培根3片

调料
盐适量，黑胡椒粒适量，有盐奶油适量

做法
1. 刈包先蒸热备用。
2. 卷心菜洗净沥干，剥成小片状；培根切小段状；大蒜洗净切片，备用。
3. 取平底锅，放入有盐奶油烧热，放入蒜片和培根片炒香，加入做法2的卷心菜炒热，加入盐和黑胡椒粒调味后即可盛起。
4. 取做法1的刈包，夹入做法3的培根卷心菜即可。

肉臊煎饼

材料
猪绞肉100克，葱花10克，食用油适量

调料
酱油1茶匙，盐1/4茶匙，白糖1/4茶匙，胡椒粉1/4茶匙

面糊
中筋面粉150克，籼米粉30克，水150毫升

做法
1. 取一炒锅，倒入少许油，将猪绞肉炒至反白，加入所有调料炒香，放凉备用。
2. 将面糊的所有材料调匀备用。
3. 做法1的材料、葱花加入做法2的面糊拌匀。
4. 取一平底锅，倒入2大匙油，淋入做法3的面糊煎脆，再翻面煎至金黄即可。

土豆煎饼

材料
土豆1个，红甜椒5克，鸡蛋1个，全麦面粉20克，食用油2小匙

调料
盐1/2小匙，水100毫升

做法
1. 土豆洗净去皮，刨成细丝；红甜椒洗净切丁，备用。
2. 将鸡蛋、全麦面粉、盐和水搅拌均匀成面糊，再加入做法1的所有材料拌匀。
3. 热一平底锅，加入油，倒入做法2的面糊材料，将两面煎熟至上色，即可取出盛盘。
4. 可撒上适量胡椒粉、意式香料（材料外）搭配食用。

辣味章鱼煎饼

材料
卷心菜150克，章鱼块100克，玉米粒30克，葱花25克，洋葱末15克，食用油适量

调料
辣酱1大匙，盐1/4小匙，柴鱼粉1/4小匙，米酒1小匙

面糊
中筋面粉90克，玉米粉30克，水150毫升

做法
❶ 中筋面粉、玉米粉过筛，再加入水一起搅拌均匀成糊状，静置约40分钟，备用。
❷ 于做法1中加入所有调料及除食用油外的所有材料拌匀，即为辣味章鱼面糊，备用。
❸ 取一平底锅加热，倒入适量食用油，再加入做法2的辣味章鱼面糊，用小火煎至两面皆金黄熟透即可。

豆浆玉米煎饼

材料
玉米粒150克，肉松50克，葱1根，辣椒1/2根，食用油1大匙

调料
盐少许，白胡椒粉少许

面糊
无糖豆浆50毫升，低筋面粉30克，淀粉10克，鸡蛋2个

做法
❶ 将葱、辣椒洗净切碎备用。
❷ 将面糊材料混合搅拌均匀后静置约15分钟，再加入做法1的材料、玉米粒、所有调料搅拌均匀备用。
❸ 热平底锅，加入1大匙油，倒入做法2搅拌好的面糊，再撒上肉松，以中小火煎至双面上色即可。

酸菜润饼

材料
市售润饼皮4张，酸菜、五花肉各150克，红辣椒末、蒜末、花生粉各适量，大白菜250克，虾米10克，豆皮3片，蛋皮丝适量，食用油适量

调料
盐1/4小匙，鸡精1/4小匙，白胡椒粉、黑胡椒粉各少许

做法
1. 酸菜洗净切细丝，放入干锅中炒香，再加入适量油、红辣椒末和蒜末炒香捞起备用。
2. 做法1中再加少许油，放入虾米爆香，放入切粗丝的大白菜，加入所有调料炒匀。
3. 豆皮撒上盐和黑胡椒粉，入热锅煎至焦香后切丝；五花肉洗净入沸水烫熟，切丝。
4. 润饼皮撒上花生粉，放上蛋皮丝及做法1、2、3的材料，再包卷起来即可。

炒面润饼

材料
市售润饼皮4张，油面300克，红葱头末、蛋皮丝各20克，韭菜段、胡萝卜丝各30克，豆芽菜、茭白丝、豆干片各100克，红糟肉片、熟鸡丝、花生粉、甜辣酱各适量，食用油少许

调料
酱油1/2大匙，水50毫升，盐1/4小匙，鸡精1/4小匙，白胡椒粉少许

做法
1. 热油锅爆香红葱头末，加酱油和50毫升水煮开，放油面炒至入味。
2. 豆干片炒干，加茭白丝、胡萝卜丝炒香，加盐、鸡精、白胡椒粉。
3. 润饼皮撒花生粉和蛋皮丝，放上做法1、2的材料及汆烫过的豆芽菜、韭菜段、红糟肉片和熟鸡丝，抹上甜辣酱，卷起即可。

香菇素润饼

材料
市售润饼皮4张，豆皮3片，姜末、熟白芝麻、花生粉、食用油各适量，凉薯丝100克，豆芽菜60克，胡萝卜丝50克，香菇丝、芹菜段各30克

调料
盐、鸡精各1/4小匙，白胡椒粉、黑胡椒粉各少许

做法
1. 热锅入油，爆香姜末，加入香菇丝炒香，再加入凉薯丝、豆芽菜、胡萝卜丝、芹菜段炒香，续放入所有调料炒匀成馅料。
2. 豆皮加入少许盐和黑胡椒粉拌匀，放入烧热的锅中，煎至焦香，切丝备用。
3. 取润饼皮铺在盘上，撒上花生粉，再放上做法1的馅料、做法2的豆皮丝和熟白芝麻，再包卷起来即可。

蔬菜润饼卷

材料
市售润饼皮3张，芦笋6支，黄甜椒条60克，红甜椒条60克，山药条60克，苹果条50克，苜蓿芽70克

调料
千岛沙拉酱适量

做法
1. 将芦笋、黄甜椒条、红甜椒条、山药条放入沸水中氽烫一下，捞出泡入冰水中至完全降温，捞出沥干水分备用。
2. 取一张润饼皮摊平，先在中间放入适量的苜蓿芽，再加入做法1的材料和苹果条，最后淋上适量千岛沙拉酱，并将润饼皮包卷起，重复上述做法至润饼皮用完即可。

卤肉润饼

材料

市售润饼皮	4张
五花肉块	300克
韭菜段	80克
白萝卜	300克
虾米	10克
豆干片	100克
花生粉	适量
蛋皮丝	适量
食用油	适量

卤肉材料

姜片	10克
葱段	10克
大蒜	10克
八角	1粒
水	300毫升
酱油	50毫升
白糖	1小匙
米酒	1大匙

调料

盐	1/4小匙
鸡精	1/4小匙
白胡椒粉	少许
香油	适量

做法

1. 热锅加油，放入五花肉块炒至油亮，再放入姜片、葱段和大蒜爆香，加入卤肉材料中的其余材料煮开，转小火炖煮1小时。

2. 锅烧热，加少许油，放入虾米爆香，放入洗净去皮切丝的白萝卜炒软，加入除香油外的所有调料拌炒均匀捞起。

3. 续将豆干片放入做法2的锅中，炒干后加入少许蒜片和盐（分量外）调味炒匀；韭菜段洗净沥干，加盐（分量外）和香油拌匀。

4. 取润饼皮铺在盘子上，撒上花生粉和蛋皮丝，再放上做法1、2、3、4的五花肉块、豆干片、炒白萝卜丝和韭菜段，再包卷起来，重复此做法直到材料用完即可。

萝卜丝煎饺

材料
猪绞肉、白萝卜丝各300克，葱碎20克，姜末、饺子皮、水、食用油各适量

调料
盐、鸡精各4克，香油1大匙，白糖3克，酱油、米酒各10毫升，白胡椒粉1茶匙

做法
1. 白萝卜丝加2克盐稍腌制，挤去水分。
2. 热一锅，放入少许食用油烧热，将葱碎加入锅中，以小火炒香至略焦成葱油，加入做法1的白萝卜丝炒匀盛起。
3. 猪绞肉加2克盐搅拌至有黏性，再加入鸡精、白糖、酱油、米酒拌匀后，将水分两次加入，边加水边搅拌至水分被肉吸收。
4. 加姜末、做法2的白萝卜丝、白胡椒粉及香油拌匀，包入饺子皮即可。

茭白猪肉煎饺

材料
猪绞肉300克，茭白丁300克，胡萝卜丁80克，姜末30克，葱花30克，饺子皮适量

调料
盐5克，白糖10克，酱油15毫升，绍兴酒20毫升，白胡椒粉1茶匙，香油2大匙

做法
1. 茭白丁及胡萝卜丁用开水汆烫1分钟后捞出，以冷水冲凉，用手挤干水分，备用。
2. 猪绞肉放入钢盆中，加入盐后搅拌至有黏性。
3. 续加入白糖、酱油、绍兴酒拌匀，最后加入做法1的茭白丁、胡萝卜丁、姜末、葱花、白胡椒粉及香油拌匀。
4. 将馅料包入饺子皮即可。

XO酱煎饺

材料

去皮鸡腿肉500克，XO酱200克，姜末20克，葱花100克，饺子皮适量

调料

辣椒酱2大匙，白糖20克，绍兴酒20毫升，白胡椒粉1茶匙，香油1大匙

做法

① 将XO酱的油沥干，备用。

② 去皮鸡腿肉洗净剁碎，放入钢盆中，加入辣椒酱后搅拌至有黏性。

③ 续加入白糖及绍兴酒拌匀，最后加入做法1的XO酱、葱花、姜末、白胡椒粉及香油拌匀即成XO酱鸡肉馅。

④ 将馅料包入饺子皮即可。

咖喱鸡肉煎饺

材料

土鸡腿肉300克，洋葱末200克，胡萝卜40克，姜末8克，饺子皮适量，食用油1大匙

调料

咖喱粉2茶匙，盐4克，鸡精4克，白糖3克，米酒10毫升，黑胡椒粉1茶匙，香油1大匙

做法

① 胡萝卜洗净切小丁放入沸水中汆烫至熟；鸡腿洗净去除骨头将肉剁碎。

② 取锅，放入1大匙食用油加热后，放入洋葱末与咖喱粉一起以小火炒约1分钟起锅，放凉备用。

③ 做法1的鸡腿肉加入盐搅拌至有黏性，再加入做法2的咖喱、做法1的胡萝卜丁、姜末及其余调料拌匀即成咖喱鸡肉馅。

④ 将馅料包入饺子皮即可。

洋葱烤蛋

材料
鸡蛋2个，洋葱丝30克，干燥香芹碎1大匙，食用油适量

调料
盐1/2茶匙

做法
1. 烤箱调上下火均为170℃，预热10分钟。
2. 起一油锅，放入洋葱丝炒软后盛起。
3. 鸡蛋打破，加入盐和干燥香芹碎混合拌匀，倒入烤皿中约八分满，撒上做法2的洋葱丝，放入烤箱中烤约15分钟即可。

肉末焗蛋

材料
鸡蛋4个，葱花20克，猪绞肉80克

调料
盐1/6小匙，酱油1小匙，白胡椒粉1/6小匙

做法
1. 猪绞肉放入沸水锅烫熟，捞出沥干水分备用。
2. 将打散的鸡蛋、做法1的猪绞肉、葱花以及所有调料拌匀，装入焗烤皿备用。
3. 烤箱预热至200℃，将做法2的焗烤皿放入烤盘，烤盘底部加入约100毫升水，放入烤箱以上火200℃、下火200℃烘烤约20分钟，至表面呈微黄色即可取出。

蛋仔煎

材料
红薯粉20克，葱花5克，蛋液50克，小白菜40克，水、食用油各适量

调料
盐、水淀粉各少许，市售海山酱、辣椒酱各1小匙，酱油膏、香油各1/2小匙

做法
1. 红薯粉、葱花、水、盐拌匀成粉浆；小白菜洗净切段沥干水分，备用。
2. 热平底锅入油烧热，做法1的粉浆入锅，煎至透明状翻面，淋上蛋液，再翻面。
3. 铲起做法2的蛋仔煎，平底锅放上小白菜及蛋仔煎，煎约30秒至小白菜熟透铲起装盘。
4. 海山酱、辣椒酱、酱油膏、水入锅煮沸，用水淀粉勾薄芡，淋香油拌匀，淋至做法3的蛋仔煎上即可。

蚵仔煎

材料
鸡蛋2个，鲜牡蛎150克，白菜段100克，葱花20克，红辣椒丝少许

调料
市售海山酱1大匙，番茄酱3大匙，盐少许，白胡椒少许，香油1小匙，白糖1小匙，水2大匙，味噌1小匙

粉浆材料
红薯粉50克，水4大匙

做法
1. 鸡蛋打散，再加入粉浆材料拌匀，备用。
2. 将调料加入容器，用打蛋器搅匀，备用。
3. 热平底锅，加入少许做法1的粉浆及鲜牡蛎、白菜段、葱花，续加入剩余的粉浆，煎至上色呈透明状即可盛盘，放上红辣椒丝，食用时搭配做法2搅拌好的酱汁即可。

虾仁煎

材料
鸡蛋2个，虾仁100克，葱花30克，小白菜50克，淀粉200克，食用油少许

调料
盐1/4茶匙，白胡椒粉1/2茶匙，市售海山酱2大匙，甜辣酱1大匙，水4大匙，白糖1茶匙，水淀粉1茶匙，香油少许

做法
1. 水加淀粉、盐、白胡椒粉、葱花拌匀。
2. 鸡蛋打匀成蛋液；小白菜洗净，切段。
3. 将海山酱、甜辣酱和白糖煮匀，加入水淀粉勾芡，淋入香油，即为酱汁。
4. 热锅放入食用油，加入虾仁煎香，倒入做法1的粉浆，煎至双面微微焦香，倒入做法2的蛋液至微微凝固，续放入小白菜段，盛盘，食用时搭配做法3的酱汁即可。

海鲜厚蛋烧

材料
蛋液100克，水淀粉1/2大匙，鲜奶1又1/2大匙，鲑鱼肉15克，虾仁4尾，鱼板4片，鲜香菇2朵，洋葱碎1大匙，生菜适量，食用油少许

调料
盐1/2茶匙，鸡精1/4茶匙

做法
1. 鲑鱼肉、虾仁、鱼板、鲜香菇洗净切丁，氽烫至熟，捞起沥干，备用。
2. 蛋液加调料、水淀粉、鲜奶拌匀。
3. 加热平底方锅，用纸巾涂抹薄薄一层食用油，再倒入做法2的蛋液铺平。
4. 接着平均铺放上做法1的材料及洋葱碎。
5. 从一头慢慢包卷起，卷成厚蛋状。
6. 以小火慢煎约5分钟，至蛋液内部凝固熟透，切段，放入铺有生菜的盘内即可。

吻仔鱼厚蛋烧

材料
蛋液250克，吻仔鱼120克，食用油少许

调料
米酒1大匙，鲣鱼酱油2大匙

做法

❶ 蛋液加入吻仔鱼和所有调料拌匀。

❷ 圆形煎锅锅底抹少许油烧热，倒入适量做法1的蛋液布满锅底，小火煎至略凝固，将前端蛋皮往后折三折，推至圆锅1/3处。

❸ 做法2的锅底再抹少许油，倒入适量做法1的蛋液，掀起锅边蛋皮，让新蛋液流入下方布满锅底，煎至半熟，折起蛋皮，推向前方锅边，重复上述步骤至煎成厚蛋。

❹ 将厚蛋每个面都煎至定型且微焦香，然后趁热利用寿司竹帘将厚蛋包卷塑型，放置冰箱冷藏定型，食用前分切小块即可。

鳗鱼厚蛋烧

材料
鸡蛋5个，蒲烧鳗鱼1尾，食用油适量

调料
柴鱼汁2大匙，盐、米酒各1/2茶匙

做法

❶ 蛋液加所有调料调匀；蒲烧鳗鱼切段。

❷ 煎锅抹少许油加热，取适量做法1的蛋液煎至略凝固，在1/3处放入蒲烧鳗鱼，将前端蛋皮往后折包入鳗鱼后折三折，推至前缘。

❸ 锅底再抹油，倒入适量做法1的蛋液，掀起蛋皮，让新蛋液流入下方，煎至半熟，折起蛋皮推向锅缘，重复此法至煎成厚蛋。

❹ 将厚蛋每个面都煎至定型且微焦香，然后趁热利用寿司竹帘将厚蛋烧包卷塑型，放置冰箱冷藏定型，食用前分切小块即可。

经典厚蛋烧

蛋汁材料

鸡蛋3个，柴鱼昆布高汤60毫升，酱油1/3小匙，米酒1/3小匙，盐少许，白胡椒粉少许

调料

食用油适量，白萝卜泥适量，酱油少许

做法

① 将所有蛋汁材料拌匀成蛋汁备用。

② 取小方锅以中火加热，用纸巾沾少许食用油均匀涂抹在锅底，倒入适量做法1的蛋汁煎至半熟，将蛋皮由前向后对折，并推至前端。

③ 做法2的锅底再抹少许油，翻开前端蛋卷再倒入蛋汁布满锅底，煎至半熟再从前端将蛋对折，重复此做法至蛋汁用完。

④ 取出做法3的厚蛋烧切块，搭配白萝卜泥和酱油食用即可。

鲜菇煎蛋卷

材料

鸡蛋4个，综合鲜菇100克，芹菜末适量，红辣椒末适量，食用油适量

调料

盐1小匙，酱油2大匙，乌醋1大匙，白糖1/2大匙，水、水淀粉各适量

做法

① 综合鲜菇洗净，切丝；鸡蛋加盐打散，备用。

② 锅内倒油加热，放综合鲜菇丝炒熟取出。

③ 将酱油、乌醋、白糖、水、水淀粉倒入做法2的锅中搅拌煮沸，倒出备用。

④ 另取锅，倒入2大匙油烧热，倒入做法1的蛋液煎至半熟，放入做法2的综合鲜菇。

⑤ 蛋皮卷成蛋卷，煎至凝固后盛盘，淋上做法3的调料，撒上芹菜末和红辣椒末即可。

芦笋厚蛋烧

材料

芦笋	20克
海苔片	1片
食用油	少许
培根	30克

蛋汁材料

鸡蛋	3个
牛奶	60毫升
鸡精	1/3小匙
盐	少许
白胡椒粉	少许

做法

❶ 平底锅烧热放入培根干煎至出油，取出切末，与蛋汁材料拌匀成蛋汁；芦笋洗净汆烫至熟，捞出放凉后用海苔片将其绑成一束。

❷ 中火加热厚蛋烧小方锅，用少许油抹在锅中，温度足够时倒入适量做法1的蛋汁，使其均匀分布，蛋汁略凝固时将做法1的芦笋放入中间1/3的位置，接着将前1/3蛋皮覆盖芦笋，再翻折后1/3蛋皮。

❸ 在做法2空出的锅面上抹油，将折好的蛋皮往前推，再在空出的锅面上抹油，加入做法1的蛋汁，使其布满锅面，再以筷子轻压蛋皮让做好的蛋皮不要滑动，接着略摇动锅面让蛋汁均匀，待蛋汁略凝固，即可再次翻折蛋皮，重复此做法至蛋汁用完，切块即可。

五谷蔬菜蛋卷

材料
鸡蛋2个，五谷米饭50克，胡萝卜丝5克，洋葱丝5克，小黄瓜丝5克，食用油少许

调料
盐1/4小匙

做法
1. 取一容器，将鸡蛋打入后打散，并加入盐混合打匀成蛋液。
2. 取一平底锅加热，倒入少许油，待油温还未上升时将做法1的蛋液倒入，煎成薄薄的蛋皮。
3. 将五谷米饭、胡萝卜丝、小黄瓜丝与洋葱丝平铺放在做法2的蛋皮上，小心卷起后切块即可。

百花蛋卷

材料
蛋液100克，蛋清1大匙，虾仁300克，烧海苔1张，食用油适量

调料
盐1/2茶匙，白糖1/2茶匙，胡椒粉1/4茶匙，香油1/2茶匙，淀粉1茶匙

做法
1. 先将虾仁洗净，用干纸巾吸去水分。
2. 将做法1的虾仁剁成泥。
3. 做法2的虾泥、蛋清与调料混合后摔打搅拌均匀。
4. 将蛋液用平底锅煎成蛋皮后摊开，将做法3的虾泥平铺在蛋皮上，覆盖上海苔再压平，卷成圆筒状。
5. 将做法4的蛋卷放入锅中，中火蒸约5分钟后取出放凉，切成厚约2厘米的块状即可。

蔬菜蛋卷

材料
蛋液200克，青椒10克，豆芽菜15克，胡萝卜10克，新鲜黑木耳10克，食用油适量

调料
盐1小匙，鸡精1/2小匙，黑胡椒粉少许，番茄酱适量

做法

1. 蛋液加入所有调料（番茄酱除外）拌匀；青椒洗净去籽切丝；胡萝卜洗净去皮切丝；新鲜黑木耳洗净切丝。
2. 将做法1的所有蔬菜及洗好的豆芽菜，放入沸水中烫熟，捞起沥干。
3. 热锅，倒入适量油，倒入做法1的蛋液以中小火煎至底部成型而上面还是半熟，立即放入做法2的蔬菜。
4. 蛋皮卷起，稍凉切段，配以番茄酱食用。

煎蛋卷

材料
蛋液150克，熟青豆适量，食用油少许

调料
盐少许，白胡椒粉少许，淀粉少许，市售甜鸡酱适量

做法

1. 蛋液加入所有调料（市售甜鸡酱除外），用打蛋器同方向搅拌均匀备用。
2. 取炒锅，加入少许食用油，再倒入1/2的蛋液，将锅子左右晃动一下，并以中小火煎至蛋液慢慢熟成定型，再将另1/2的蛋液倒入煎至定型。
3. 煎的过程中，将蛋皮慢慢卷起成长条状，取出切小段盛盘，再放上熟青豆，撒上日式香松（材料外）装饰。
4. 可搭配市售甜鸡酱一起食用。

糖醋蛋酥

📋 **材料**
鸡蛋3个，青椒丝50克，洋葱丝30克，胡萝卜丝25克，食用油少许

🗂 **调料**
白醋2大匙，番茄酱2大匙，水1大匙，白糖2又1/2大匙，水淀粉1小匙，香油1大匙

📋 **做法**

❶ 鸡蛋打散成蛋液备用。

❷ 热一油锅，将做法1的蛋液用漏勺漏入油锅中炸成蛋酥，捞出沥油盛盘备用。

❸ 热锅，加入少许食用油烧热，转至大火略炒香洋葱丝、青椒丝以及胡萝卜丝，再加入白醋、番茄酱、水及白糖拌匀，煮至滚沸后用水淀粉勾薄芡，洒入香油拌匀再淋至做法2的蛋酥上即可。

辣香炸蛋

📋 **材料**
鸡蛋6个，西红柿1个，葱花少许，猪肉末、蒜末、姜末各5克，虾米末10克，红辣椒圈少许，食用油适量

🗂 **调料**
番茄酱2大匙，辣豆瓣酱1小匙，米酒1大匙，白糖1/2小匙，白醋1小匙，水5大匙

📋 **做法**

❶ 将鸡蛋打入容器中，倒入170℃的油锅中油炸，整成荷包状，捞起沥油，盛盘备用。

❷ 将所有调料混合拌匀；西红柿洗净余烫后过冷水去皮切碎备用。

❸ 热锅加入适量食用油，依序放入猪肉末、蒜末、姜末、虾米末、红辣椒圈炒香，再加入做法2的材料炒至呈稠状，再加入葱花略炒盛起，淋至做法1的蛋上即可。

蟹肉蒸蛋

材料
鸡蛋2个，西红柿1个，蟹腿肉80克，葱丝少许，红辣椒丝少许

调料
盐少许，白胡椒粉少许，水50毫升，鸡精1小匙

做法
1. 西红柿洗净，切小丁；蟹腿肉洗净，放入沸水中汆烫一下，捞出沥干水分，备用。
2. 将鸡蛋加入所有调料，用打蛋器搅拌均匀后以筛网过筛，备用。
3. 将做法2的蛋液放入蒸碗中，加入做法1的材料，再放入蒸笼中，以大火蒸约10分钟，取出撒上葱丝和红辣椒丝即可。

油条鱼片蒸蛋

材料
鸡蛋3个，油条1/2根，鲷鱼肉100克，水300毫升

调料
盐少许，白胡椒粉少许，鸡精少许，酱油少许，粗黑胡椒末少许，葱花少许，淀粉少许

做法
1. 油条切1厘米厚片；鸡蛋打入容器中，加入盐、白胡椒粉、鸡精拌匀，过滤备用。
2. 鲷鱼肉切成生鱼片状，撒上少许盐、白胡椒粉（分量外），裹上薄薄的淀粉，放入沸水中汆烫，捞起备用。
3. 将油条和鱼片放在容器中，倒入做法1的蛋液至八分满，放入冒蒸汽的蒸锅中，锅盖留一个小缝隙，中火蒸12~15分钟，取出后加酱油、粗黑胡椒末、葱花拌匀即可。

咖喱豆腐蒸蛋

材料
鸡蛋3个，嫩豆腐1盒，葱丝少许，红辣椒丝少许

调料
盐少许，白胡椒粉少许，咖喱粉1小匙，水适量

做法

① 鸡蛋洗干净，打入容器中，加入盐和白胡椒粉，用汤匙搅拌均匀，再用筛网过滤备用。

② 嫩豆腐切成小块状，加入咖喱粉和水煮至上色，捞起沥水备用。

③ 取容器，先放入做法2的豆腐块，再倒入做法1的蛋液至八分满，放入电饭锅内，外锅加入240毫升水，蒸至开关跳起即可取出，放上葱丝和红辣椒丝即可。

蛋中蒸蛋

材料
鸡蛋3个，卤蛋1个，葱1根，火腿2片，虾卵少许

调料
盐少许，白胡椒粉少许，香油少许，水适量

做法

① 鸡蛋先洗干净，打入容器中，再加入所有调料一起搅拌均匀备用。

② 将葱和火腿都洗净切碎备用。

③ 将做法1的蛋液和做法2的材料混合拌匀。

④ 取一容器，先放入切花的卤蛋，再倒入做法3的材料至八分满后，放入电饭锅中，外锅加240毫升水蒸至开关跳起，再放上虾卵装饰即可。

炸蛋开花

材料
水煮蛋5个，胡萝卜1/4根，青椒1/2个，洋葱末20克，食用油适量

调料
酱油1大匙，辣椒酱1大匙，盐少许，白糖1小匙，水淀粉1大匙

做法

1. 将水煮蛋泡入酱油中上色；胡萝卜、青椒洗净切片，一起汆烫熟备用。

2. 将做法1的鸡蛋放入170℃的油中，炸成金黄色后捞出。

3. 热锅，放1小匙油，将洋葱末炒至透明，加剩余调料，调成浓稠状，续加入做法2的鸡蛋与做法1的胡萝卜片、青椒片拌炒均匀，让鸡蛋表面完全蘸裹酱汁即可。

萝卜糕炒蛋

材料
萝卜糕2片，鸡蛋2个，葱1根，红辣椒1/2根，食用油适量

调料
酱油1大匙

做法

1. 萝卜糕切小块；葱洗净切葱末，加入打散的鸡蛋液中拌匀。

2. 红辣椒洗净切末，和酱油调成辣椒酱油。

3. 热油锅，放入做法1的萝卜糕煎至两面熟盛起。

4. 续于锅中加少许油烧热，倒入做法1的葱蛋液，待蛋液微变色时，放入做法3的萝卜糕，和蛋一起拌炒，至蛋全熟即可盛盘。

5. 食用前，再淋上辣椒酱油即可。

蛋松

📋 **材料**
鸡蛋4个，熟黑芝麻少许，香芹叶少许

🍱 **调料**
无盐奶油3大匙，盐1/4茶匙

🍳 **做法**
① 鸡蛋打破，加入盐后拌匀备用。
② 热锅后加入无盐奶油至完全融化。
③ 快速倒入做法1的蛋液。
④ 开中火以锅铲快速拌炒，炒至蛋液凝固松散，撒入熟黑芝麻，放上香芹叶即可。

吻仔鱼煎饼

📋 **材料**
吻仔鱼50克，葱花10克，蒜末5克，食用油适量

🍲 **面糊**
中筋面粉150克，籼米粉30克，水150毫升

🍱 **调料**
盐1/4茶匙，鸡精1/4茶匙

🍳 **做法**
① 吻仔鱼洗净沥干。
② 取一炒锅倒入少许油，将做法1的吻仔鱼和蒜末小火炒3分钟盛出。
③ 将面糊的所有材料和所有调料调匀备用。
④ 做法2的材料和葱花加入做法3的面糊中拌匀。
⑤ 取一平底锅，倒入3大匙油热锅，淋入做法4的面糊煎脆，再翻面煎至金黄即可。

牛蒡煎饼

📋 材料
牛蒡200克，胡萝卜丝10克，白芝麻10克，黑芝麻少许，食用油适量

🍲 面糊
鸡蛋2个，糯米粉100克，低筋面粉300克，水380毫升

🧂 调料
盐1/4小匙，白糖少许，白醋少许

🍳 做法
1 牛蒡削皮洗净切丝，泡水沥干，备用。
2 热锅，加入少量油，放入胡萝卜丝及做法1的牛蒡丝炒1分钟，加入所有调料炒匀取出，与其余材料和面糊材料拌匀即为牛蒡面糊。
3 热一不粘锅，入油放牛蒡面糊，小火煎至定型上色，翻面再煎至金黄熟透即可。

韭菜煎饼

📋 材料
韭菜150克，食用油适量

🍲 面糊
蛋液25克，低筋面粉80克，玉米粉40克，水140毫升

🧂 调料
盐1/4小匙，鸡精少许，白胡椒粉少许

🍳 做法
1 韭菜洗净，切长段（长度略短于锅长）。
2 低筋面粉、玉米粉过筛，加水、蛋液搅成糊状静置30分钟，加所有调料拌成面糊。
3 取一平底锅加热，倒入适量食用油，排放入做法1的韭菜段，再倒入做法2的面糊均匀布满锅面，用小火煎至两面皆金黄熟透即可。

三色蔬菜蛋饼

材料

蛋液150克，玉米40克，胡萝卜丁40克，四季豆40克，食用油适量

调料

盐1/2小匙，米酒少许，胡椒粉、淀粉各少许

做法

1. 玉米洗净取玉米粒；四季豆洗净去头尾和粗丝，放入沸水氽烫约1分钟后取出切丁。
2. 胡萝卜丁、玉米粒一起放入沸水中氽烫后捞出。
3. 待做法1的四季豆丁、做法2的玉米粒、胡萝卜丁微凉后，加入所有调料拌匀，再放入蛋液中搅拌均匀。
4. 热锅，加入适量油，倒入做法3的蛋液煎至定型，再翻面煎至微焦且熟即可。

什锦蔬菜煎饼

材料

豆芽、胡萝卜丝、凉薯丝、韭菜段、小白菜各30克，卷心菜丝80克，洋葱丝、绿竹笋丝各20克，芹菜段、鲜香菇丝各10克，食用油适量

面糊

蛋液、籼米各150克，面粉300克，水340毫升

调料

盐1/4小匙，白糖少许

做法

1. 豆芽洗净去根；小白菜洗净切段，备用。
2. 热不粘锅，加入1大匙油，放入鲜香菇丝、洋葱丝炒香，再放入剩余材料炒至微软。
3. 取出做法2的备料放入碗中，加入调料及面糊搅拌均匀，即为什锦蔬菜面糊。
4. 洗净不粘锅，加少许油烧热，倒入做法3的面糊小火煎至上色，翻面煎至熟透即可。

鲔鱼洋葱煎饼

📋 材料
蛋液50克，鲔鱼罐头1罐，洋葱末80克，食用油2大匙

📋 面糊
低筋面粉80克，籼米粉40克，水130毫升

📋 做法
① 将面糊材料调匀成面糊，静置约20分钟。
② 鲔鱼罐头沥干油分后倒出。
③ 热锅加入食用油，倒入做法1的面糊铺平、铺薄，小火煎约30秒，放入做法2的鲔鱼、洋葱末，用锅铲轻压面饼，并不时转动面饼，煎到底色略呈金黄色时，淋入蛋液，再翻面续煎约1分钟至蛋熟即可。

葱蛋煎饼

📋 材料
鸡蛋2个，中筋面粉150克，冷水200毫升，葱花40克，食用油适量

📋 调料
盐4克

📋 做法
① 将中筋面粉及盐放入盆中，分次加入冷水搅拌均匀，拌打至有筋性后，再加入葱花拌匀备用。
② 取平底锅加热，加入少许食用油，取做法1面糊的一半分量入锅摊平，小火煎至两面金黄后，取出备用。
③ 于平底锅内再加约2大匙食用油；将1个鸡蛋打散后，倒入锅中，将做法2的葱饼盖于蛋上，小火煎约30秒至鸡蛋熟即成葱蛋煎饼，重复做法2～3的步骤，至材料用完。

鲜蔬奶酪烧饼

材料
烧饼1个,培根1片,玉米粒1大匙,奶酪片1片,生菜1片,食用油适量

调料
沙拉酱1/2大匙

做法
① 生菜洗净切丝;培根放入热油锅中煎熟,切小段备用。
② 烧饼内先抹上一层沙拉酱,摆上做法1的生菜丝,再放上玉米粒、做法1的培根和奶酪片,切段即可。

总汇烧饼

材料
烧饼1个,笋丝10克,榨菜丝10克,辣味酸菜10克,萝卜干10克,豆干丝10克,食用油适量

调料
盐1/4茶匙,酱油1/2大匙,白糖1/4茶匙

做法
① 热油锅,放入笋丝、榨菜丝、辣味酸菜、萝卜干、豆干丝、盐、酱油、白糖炒至香气溢出,待熟后盛盘。
② 将做法1的材料铺于烧饼内,切段即可。

什锦炒饭

材料
米饭200克，洋葱20克，猪瘦绞肉30克，干香菇2朵，上海青30克，食用油2小匙

调料
盐1/3小匙，酱油1小匙

做法
1. 干香菇洗净泡发，切末；上海青洗净，切末；洋葱洗净切末，备用。
2. 热锅，加入油，将猪瘦绞肉和做法1的香菇末、洋葱末一起炒熟，再放入米饭拌炒。
3. 续于做法2的锅中加入做法1的上海青末与盐拌炒均匀，起锅前加酱油炒匀即可。

蘑菇炒面

材料
宽面200克，鸡肉丁80克，胡萝卜丁50克，青豆30克，食用油适量

调料
市售蘑菇酱4大匙，盐少许

做法
1. 备一锅沸水，放入面条、胡萝卜丁、青豆煮至熟，捞起备用。
2. 热油锅，放入鸡肉丁炒香，再放入做法1的胡萝卜丁和青豆一起拌炒至熟。
3. 续加入蘑菇酱、盐调味后，再将做法1的面条放入锅中，翻炒均匀即可。

黑胡椒炒面

材料

细面200克，猪肉丝80克，胡萝卜丝50克，毛豆30克，食用油适量

调料

酱油1茶匙，市售黑胡椒酱4大匙，盐少许

做法

1. 猪肉丝洗净以酱油腌过，静置10分钟。
2. 备一锅沸水，放入面条和毛豆煮至熟，捞起备用。
3. 起一油锅，放入做法1的猪肉丝翻炒，再放胡萝卜丝和毛豆一起翻炒。
4. 续加入黑胡椒酱、盐，改转小火拌炒后，再放入面条翻炒均匀即可。

香蒜拌面

材料

粗拉面60克，蒜末15克，油菜30克，葡萄籽油1小匙

调料

酱油1小匙，盐少许

做法

1. 油菜洗净切段，放入沸水中略为汆烫，捞出备用。
2. 将粗拉面放入沸水中烫约5分钟至熟，捞起立即与蒜末、葡萄籽油、酱油、盐拌匀。
3. 将做法1的材料放在做法2的面上即可。

炒河粉

材料
河粉170克，干香菇4朵，胡萝卜1/2根，豆芽菜30克，韭菜段30克，食用油1小匙

调料
蒜末10克，盐1/2小匙

做法
❶ 干香菇洗净，泡水至软切丝，泡香菇的水留着；胡萝卜洗净去皮切丝；河粉切段用沸水略氽烫沥干，备用。

❷ 热一锅，加入油，放入蒜末、做法1的胡萝卜丝、香菇丝炒熟，并加入泡香菇水与洗好的豆芽菜炒熟。

❸ 续于做法2的锅中放入做法1的河粉、韭菜段拌匀，最后放入盐调味即可。

南瓜米粉

材料
米粉80克，南瓜30克，虾米10克，香菇丁10克，葱花20克，猪瘦绞肉30克，泡虾米水200毫升，食用油1小匙

调料
盐少许，酱油1大匙

做法
❶ 米粉用沸水略浸泡，备用。

❷ 虾米洗净泡水至软，沥干水分备用。

❸ 南瓜洗净刨丝，备用。

❹ 热一锅，加入油后放入葱花、香菇丁、做法2的虾米、猪瘦绞肉和做法3的南瓜丝炒熟，放入虾米水煮开，再放入酱油、盐、做法1的米粉，拌炒至汤汁收干即可。

福州傻瓜面

材料
阳春面2捆，葱花1大匙

调料
乌醋2大匙，酱油2大匙，白糖1茶匙，香油1茶匙

做法
1. 将所有调料放入碗中，混合拌匀。
2. 将阳春面放入沸水中搅散，煮约3分钟，期间以筷子略搅动数下，捞出沥干水分。
3. 做法2煮熟的阳春面放入做法1的碗内拌匀，撒上葱花即可。

打卤面

材料
营养干面100克，大白菜丝100克，竹笋、胡萝卜、葱花各30克，猪肉丝、蛋液各50克，市售大骨汤500毫升，鲜黑木耳15克，食用油少许

调料
盐1/2茶匙，白胡椒粉1/4茶匙，水淀粉2大匙，香油1茶匙

做法
1. 竹笋、胡萝卜及鲜黑木耳洗净切丝。
2. 热锅加入少许油，小火爆香葱花后，放入猪肉丝炒散。
3. 续放入大白菜丝、做法1的材料及大骨汤煮开，加入营养干面、盐和白胡椒粉，转小火煮约2分钟至面条熟。
4. 最后用水淀粉勾芡，关火后将蛋液淋入拌匀，再加入香油拌匀即可。

中式传统凉面

材料

油面	200克
豆芽菜	30克
鸡胸肉	30克
小黄瓜丝	30克
胡萝卜丝	20克
蛋丝	30克
火腿丝	30克
香芹叶	少许

调料

芝麻酱	60克
花生酱	20克
辣豆腐乳	10克
蒜泥	5克
白糖	5克
酱油	20毫升
乌醋	20毫升
凉开水	20毫升

做法

1. 将芝麻酱和凉开水拌匀，倒入果汁机中，续将其余调料倒入果汁机中，打匀即为传统凉面酱。

2. 油面放入沸水略汆烫，立即捞起油面泡入冰水中，再捞起沥干盛入盘中备用。

3. 将鸡胸肉洗净放入沸水中，待鸡胸肉呈现白色即关火，利用余温让肉烫约15分钟，捞起沥干放凉后，剥成细丝。

4. 将豆芽菜洗净，放入沸水中汆烫，捞起沥干，备用。

5. 将传统凉面酱淋在做法2的面上，续放入豆芽菜、鸡胸肉丝、小黄瓜丝、胡萝卜丝、蛋丝和火腿丝，饰以香芹叶即可。

萝卜牛肉汤

材料
牛腱1个，姜片5片，白萝卜300克，胡萝卜100克，水2000毫升

调料
盐1/2茶匙

做法
1. 将牛腱切成块，放入沸水中汆烫，捞出备用。
2. 胡萝卜、白萝卜去皮洗净，切成长方小块，放入沸水中汆烫备用。
3. 将做法1、2的材料放入汤锅中，加入水和姜片，以小火煮3小时，再加盐调味即可。

卷心菜汤

材料
卷心菜150克，白萝卜300克，鲜香菇2朵，大米20克

调料
柴鱼素10克，米酒10毫升，水1000毫升

做法
1. 卷心菜剥下叶片洗净，切成丝；鲜香菇洗净切片，备用。
2. 白萝卜洗净，去皮后切成约4厘米长的条；大米放入纱布袋中绑好备用。
3. 将水、做法2的材料及香菇片放入汤锅，大火煮开后改中小火煮至白萝卜呈透明状，再加入卷心菜续煮约1分钟至熟，以柴鱼素、米酒调味后熄火，取出装大米的纱布袋即可。

蔬菜汤

材料
干香菇3朵，白萝卜250克，胡萝卜200克，牛蒡200克，白萝卜叶50克，水1800毫升

调料
盐少许

做法

❶ 干香菇洗净泡发；沥干水分；白萝卜洗净沥干水分，不去皮切块状；胡萝卜洗净沥干水分，不去皮就直接切块状；牛蒡洗净沥干水分，横切成短圆柱状；白萝卜叶洗净沥干水分备用。

❷ 取汤锅，放入做法1的全部材料，再加入水，并以大火煮至滚沸后，再改转小火煮约1小时，加盐调味即可。

玉米萝卜汤

材料
玉米300克，白萝卜100克，芹菜末10克

调料
盐1小匙，鸡精1小匙，水700毫升

做法

❶ 玉米去须洗净切小段；白萝卜洗净去皮切小块，备用。

❷ 取锅，放入做法1的玉米段、白萝卜块、水，煮至白萝卜熟软且呈半透明。

❸ 加入芹菜末及盐、鸡精拌匀即可。

米粉汤

材料
新鲜粗米粉600克，红葱头8颗，芹菜30克，虾米10克，猪油25克，高汤2000毫升

调料
盐1小匙，胡椒粉少许

做法
1. 将粗米粉放入温水中清洗；红葱头、芹菜洗净切末备用。
2. 热锅加入猪油，将做法1的红葱头及虾米放入爆香，并以小火拌炒至金黄色后捞起。
3. 取汤锅倒入高汤煮滚，加入做法1的米粉及盐，转小火煮约50分钟即可，食用前放入做法1的芹菜末、做法2的红葱酥、虾米及胡椒粉即可。

杏仁豆腐

材料
杏仁露2大匙，吉利丁粉2大匙，炼乳3大匙，什锦水果3大匙，白糖水300毫升，水500毫升

做法
1. 取一锅，加入500毫升水煮开，再加入炼乳煮至融匀，接着加入吉利丁粉、杏仁露拌匀至融化。
2. 将做法1的材料倒入容器内，静置待凉后放入冰箱冷藏，冰至凝固后取出，即为杏仁豆腐。
3. 将做法2的杏仁豆腐切成小方丁，加入白糖水及什锦水果混合即可。

台式咸粥

材料
米饭350克，猪肉丝、虾米、芹菜粒、油葱酥、香菇、红葱头片、食用油各适量，高汤900毫升

调料
盐1/2小匙，白糖、米酒各少许

腌料
盐少许，淀粉少许，米酒少许

做法
1. 猪肉丝洗净沥干，加入所有腌料腌约1分钟，入热油锅快炒至变色，盛出沥干油。
2. 香菇洗净泡软切丝；虾米洗净泡入加了少许米酒的水中浸泡至软，捞出沥干。
3. 热油锅爆香红葱头片，放入做法2的材料及芹菜粒炒香，加入做法1的材料炒匀，倒入高汤煮开，加入米饭煮至浓稠，以调料调味，撒上油葱酥和芹菜叶（材料外）即可。

海鲜粥

材料
米饭200克，高汤700毫升，蛋液50克，乌贼丝25克，虾仁丁30克，鱼片30克，牡蛎25克

调料
盐1/8茶匙，白胡椒粉少许，香油1/2茶匙

做法
1. 将米饭放入碗中，加入约50毫升高汤，用大汤匙将有结块的米饭压散，备用。
2. 取一锅，将剩余高汤倒入锅中煮开，再放入做法1压散的米饭，煮开后转小火，续煮约5分钟至米粒糊烂。
3. 继续于做法2中加入乌贼丝、虾仁丁、鱼片、牡蛎，并用大汤匙搅拌均匀，再煮约1分钟后加入盐、白胡椒粉、香油拌匀，接着淋入蛋液拌匀凝固后，熄火装碗即可。

皮蛋瘦肉粥

材料
米饭200克，高汤700毫升，猪绞肉50克，皮蛋块50克，葱花5克

调料
盐1/8茶匙，白胡椒粉少许，香油1/2茶匙

做法
1. 将米饭放入碗中，加入约50毫升高汤，用大汤匙将有结块的米饭压散，备用。
2. 取一锅，将剩余高汤倒入锅中煮开，再放入做法1压散的米饭，煮开后转小火，续煮约5分钟至米粒糊烂。
3. 于做法2中加入猪绞肉、皮蛋块，并用大汤匙搅拌均匀，再煮约1分钟后加入盐、白胡椒粉、香油拌匀后，熄火撒上葱花即可。

黄金鸡肉粥

材料
大米40克，碎玉米粒50克，水400毫升，鸡胸肉120克，胡萝卜60克，姜末10克，葱花10克

调料
盐1/4茶匙，白胡椒粉1/6茶匙，香油1茶匙

做法
1. 鸡胸肉和胡萝卜洗净切小丁备用。
2. 大米和碎玉米粒洗净后与水放入内锅中，再放入胡萝卜丁及姜末。
3. 将做法2的内锅放入电饭锅中，外锅加入240毫升水，煮约10分钟后打开锅盖，放入做法1的鸡肉丁拌匀，再盖上锅盖继续煮至开关跳起。
4. 打开电饭锅盖，加入调料拌匀，盛入碗中，撒上葱花即可。

卷心菜粥

材料
米饭150克，卷心菜丝150克，胡萝卜丝20克，泡发香菇丝10克，肉丝40克，虾米10克，红葱末5克，高汤700毫升，葱花少许，食用油1大匙

调料
盐1/4茶匙，白胡椒粉1/10茶匙，香油1/2茶匙

做法
❶ 将米饭放入碗中，加入约50毫升高汤，用大匙将米饭压散备用。

❷ 热锅入食用油，小火爆香红葱末及虾米，加入肉丝及香菇丝一起炒至肉丝变白。

❸ 其余高汤倒入锅中，加卷心菜丝、胡萝卜丝煮开，再倒入压散的米饭煮开。

❹ 转小火煮5分钟至米粒略糊，加入盐、白胡椒粉、香油，拌匀后装碗撒上葱花即可。

肉片粥

材料
米饭150克，肉片50克，泡发香菇丝20克，胡萝卜片15克，高汤700毫升，芦笋段50克

调料
盐1/4茶匙，白胡椒粉1/10茶匙，香油1/2茶匙

做法
❶ 将米饭放入碗中，加入约50毫升高汤，用大匙将米饭压散备用。

❷ 其余高汤倒入小汤锅中煮开，将压散的米饭倒入高汤中，煮开后关小火。

❸ 小火煮约5分钟至米粒略糊，加入肉片、香菇丝、胡萝卜片及芦笋段，并用大匙搅拌开。

❹ 再煮约1分钟后加入盐、白胡椒粉、香油拌匀即可。

排骨糙米粥

材料
糙米饭150克，排骨200克，胡萝卜块100克，姜末5克，高汤700毫升，葱丝10克

调料
盐1/4茶匙，白胡椒粉1/10茶匙，香油1/2茶匙

做法
1. 排骨洗净放入电饭锅内锅，加胡萝卜块及650毫升高汤，外锅加240毫升水，蒸至开关跳起。
2. 将糙米饭放入碗中，加入约50毫升高汤，用大匙将糙米饭压散备用。
3. 取出排骨萝卜汤，倒入小汤锅煮开，压散的糙米饭倒入汤中，加姜末煮开关小火。
4. 小火煮约5分钟至米粒略糊，加入盐、白胡椒粉、香油，拌匀后撒上葱丝装碗即可。

红薯粥

材料
红心红薯150克，黄心红薯150克，大米150克，水1800毫升

调料
冰糖80克

做法
1. 两种红薯一起洗净，去皮切滚刀块备用。
2. 大米洗净，泡水约30分钟后沥干备用。
3. 汤锅中倒入水和做法2的大米以中火拌煮开，放入做法1的红薯块再次煮开，改转小火加盖焖煮约20分钟，最后加入冰糖调味即可。

莲子排骨粥

材料
米饭150克，排骨200克，高汤700毫升，鲜莲子80克，姜末5克，枸杞子3克，上海青碎50克，葱丝10克

调料
盐1/4茶匙，白胡椒粉1/10茶匙，香油1/2茶匙

做法
1. 排骨洗净放入电饭锅内锅，加入莲子及高汤，外锅加240毫升水，蒸至开关跳起。
2. 将米饭放入碗中，加入约50毫升高汤，用大匙将米饭压散备用。
3. 排骨莲子汤倒入小汤锅中煮开，将压散的米饭倒入汤中加入姜末、枸杞子，煮开。
4. 倒入剩余高汤，小火煮约5分钟至米粒略糊，加入盐、白胡椒粉、香油及上海青碎，拌匀后撒上葱丝即可。

玉米鸡蓉粥

材料
米饭250克，鸡胸肉100克，玉米粒120克，芹菜末适量，高汤800毫升

腌料
盐少许，淀粉少许，蛋清适量

调料
盐1/2小匙，鲜鸡精1/4小匙，白胡椒粉少许

做法
1. 鸡胸肉洗净沥干水分，剁碎后放大碗中，加入所有腌料拌匀并腌约5分钟备用。
2. 汤锅中倒入高汤以中火煮至滚沸，放入米饭和玉米粒改小火拌煮至略浓稠，加入做法1的材料拌匀续煮至熟透，再加入所有调料调味，最后加入芹菜末煮匀即可。

花生甜粥

材料
花生仁200克，薏米100克，红枣12颗，水1500毫升

调料
白糖100克

做法
1. 花生仁洗净沥干水分，泡入冷水中浸泡约5小时后捞出沥干备用。
2. 红枣洗净泡入冷水中；薏米洗净，沥干水分备用。
3. 取一深锅，加入水和做法1的花生仁，以大火煮至沸后转小火，盖上锅盖煮约30分钟，再加入做法2的薏米和红枣煮约20分钟，倒入白糖搅拌至白糖溶化即可。

八宝粥

材料
圆糯米200克，糙米200克，绿豆60克，红豆100克，花豆100克，雪莲子50克，薏米50克，桂圆肉50克，米酒30毫升，水4000毫升

调料
蔗糖250克

做法
1. 红豆、花豆、雪莲子、薏米、糙米洗净，入冷水浸泡5小时后捞出沥干；圆糯米、绿豆洗净，入冷水浸泡2小时捞出沥干。
2. 桂圆肉洗净沥干，加入米酒拌匀，备用。
3. 取一深锅，加入水和做法1的红豆、花豆、雪莲子、薏米、糙米、圆糯米、绿豆，大火煮沸转小火煮约50分钟，再加入做法2的桂圆肉煮约10分钟，倒入蔗糖搅至溶化即可。

第三章

多重饗宴
异国早餐

　　吐司、三明治、热狗堡、汉堡、日式饭团、米汉堡及各种沙拉都是十分普遍的异国早餐选择，尤其是三明治，不仅变化多而且携带方便，是最佳的异国早餐选择之一。让我们一起为自己和家人尝试制作不一样的早餐吧！

枫糖法式吐司

材料
厚片吐司1片，奶油1又1/2茶匙

调料
枫糖1大匙

做法
1. 烤箱预热至180℃，再放入厚片吐司，烤至其表面略呈金黄时取出。
2. 将做法1的厚片吐司涂上奶油，并均匀涂上枫糖，再放入烤箱上层以220℃烤约3分钟即可。

糖片吐司

材料
厚片吐司2片，奶油1大匙

调料
粗白糖1大匙

做法
1. 先将烤箱预热至180℃，再放入厚片吐司，烤至其表面呈略黄时取出。
2. 将做法1的厚片吐司涂上奶油，并均匀撒上粗白糖，再放入烤箱上层，以220℃续烤3分钟即可。

香蕉吐司

材料
吐司2片，香蕉1/2根，奶油1/2茶匙，蛋液100克，食用油适量

调料
糖浆适量

做法
① 香蕉去皮后切约0.3厘米的薄片。
② 吐司涂上奶油，再将其中1片铺满香蕉，盖上另1片合拢、压紧。
③ 将做法2的吐司均匀蘸抹上蛋液，放入约120℃的油锅中，炸至两面呈金黄色后捞出沥油。
④ 可依喜好淋上适量糖浆再食用。

花生酱吐司

材料
吐司2片，香蕉1/2根

调料
花生酱适量，糖粉适量

做法
① 先将香蕉剥去外皮后切片，备用。
② 吐司以烤面包机烤至表面呈脆黄状，再取出吐司，涂上花生酱，放上香蕉片。
③ 将做法2的吐司放入预热至180℃的烤箱中，烤约3分钟，再撒上糖粉即可。

蒜香烤吐司

材料
厚片吐司1片，蒜末1茶匙，蒜苗末1/4茶匙，奶油1大匙

调料
白糖1茶匙，盐1/8茶匙

做法
1. 先将蒜末、蒜苗末、奶油、白糖和盐均匀混合成抹酱。
2. 再将吐司放入烤箱烤至表面略黄，取出涂上做法1的抹酱，再放入烤箱以180℃烤约3分钟即可。

鲔鱼酱吐司

材料
吐司1片，罐装鲔鱼50克，小黄瓜片20克，西红柿片10克，奶油适量

调料
沙拉酱1大匙，黑胡椒末1/4小匙

做法
1. 将调料与罐装鲔鱼拌匀成鲔鱼酱；烤箱以180℃预热约5分钟，备用。
2. 吐司放入预热好的烤箱中，以180℃烤约5分钟，再取出趁热抹上奶油。
3. 于做法2的吐司上摆上西红柿片、小黄瓜片和做法1的鲔鱼酱，最后淋上适量沙拉酱（分量外）即可。

奶油野菇吐司

材料

山形吐司2片，野菇片100克，洋葱丝10克，奶油1小匙，百里香少许

调料

市售奶油白酱1大匙

做法

❶ 先将烤箱转至150℃预热5分钟后放入山形吐司，以150℃烤约3分钟后取出，趁热涂上奶油。

❷ 热锅，加入洋葱丝和野菇片先炒香，再加入奶油白酱炒匀后盛起。

❸ 在做法1烤好的山形吐司上摆上做法2的材料及百里香即可。

欧姆鸡粒吐司

材料

吐司丁4片，鸡蛋5个，猪绞肉100克，玉米粒50克，葱花10克，奶油15克，奶酪丝30克

调料

鲜奶90毫升，盐少许，黑胡椒粉少许，肉桂粉1小匙

做法

❶ 鸡蛋打散，加入所有调料拌匀备用。

❷ 平底锅放入1/2的奶油烧热，放入吐司丁以小火煎炒，至表面上色呈酥脆状起锅。

❸ 葱花、玉米粒、猪绞肉入锅爆香后起锅。

❹ 平底锅放入另外1/2的奶油烧热，倒入做法1的蛋液，中小火将蛋液煎炒至5分熟。

❺ 依序将做法3的材料、做法2的吐司丁与奶酪丝放在蛋液中间，慢慢将蛋包起呈半月形即可。

芒果鲜虾吐司

材料
厚片吐司1片，芒果丁30克，熟虾仁40克，奶酪丝10克，香芹叶少许，奶油适量

调料
沙拉酱1大匙

做法
1. 熟虾仁与沙拉酱、芒果丁拌匀；烤箱以180℃预热约5分钟，备用。
2. 厚片吐司放入预热好的烤箱中，以180℃烤约5分钟，再取出趁热抹上奶油。
3. 将做法1的材料放在做法2烤好的吐司上，撒上奶酪丝，再放入烤箱中，以200℃烤约8分钟至奶酪丝融化且呈金黄色，再撒上适量香芹末（材料外），放上香芹叶即可食用。

法式吐司

材料
吐司2片，鸡蛋1个，牛奶20毫升，蜂蜜1/4小匙，奶油1小匙，奶酪1块

做法
1. 先将吐司四边切除，再斜角对切成两等份，备用。
2. 取容器，将鸡蛋打入后打散，再加入牛奶拌匀成牛奶蛋液备用。
3. 将做法1切好的吐司片，均匀地蘸裹上做法2的牛奶蛋液。
4. 取一平底锅加热后放入奶油，将做法3的吐司放入，以小火煎至吐司两面金黄盛盘，再淋上蜂蜜，放上奶酪即可。

南瓜吐司比萨

📋 材料

厚片吐司2片，南瓜100克，奶酪丝25克，低筋面粉20克，奶油20克，豆浆200毫升

🫙 调料

盐适量，胡椒粉适量，橄榄油1大匙

🍳 做法

1. 南瓜洗净连皮切薄片，和少许盐、胡椒粉和1大匙橄榄油拌匀，备用。

2. 热一锅，开小火加入奶油至融化，放入过筛的低筋面粉炒香，再分次加入豆浆搅拌均匀，煮至浓稠，加入剩余盐和胡椒粉调味，即为白酱。

3. 将厚片吐司放入烤箱微烤至定型，取出涂上做法2的白酱，再放上做法1的南瓜片，撒上奶酪丝，放入烤箱，以200℃烤至上色即可。

比萨吐司

📋 材料

厚片吐司2片，意大利面酱10克，奶酪丝120克，洋葱丝20克，玉米粒2大匙，火腿丁30克，青椒丝20克

🫙 调料

黑胡椒粉少许，奶酪粉少许，干辣椒粉少许

🍳 做法

1. 厚片吐司先涂上意大利面酱，再撒上30克的奶酪丝。

2. 在做法1的厚片吐司上，平均放上适量的洋葱丝、玉米粒、火腿丁和青椒丝，最后再撒上30克的奶酪丝，放置烤盘内，重复上述步骤至厚片吐司用完为止。

3. 放入烤箱中，以上火210℃、下火170℃烤10~15分钟，食用前再撒上黑胡椒粉、奶酪粉和干辣椒粉即可。

火腿蛋三明治

材料
去边白吐司4片，鸡蛋1个，火腿片1片，食用油适量

做法
1. 将鸡蛋打散拌匀后，用滤网过滤泡泡，备用。
2. 锅内刷上少许油，倒入做法1的蛋液，快速转动锅子，以小火煎成蛋皮，煎2片备用。
3. 火腿片放入沸水中氽烫后取出，备用。
4. 依序叠上1片吐司、做法2的蛋皮、1片吐司、做法3的火腿片、1片吐司、做法2的蛋皮、1片吐司。
5. 取面包刀斜对切成两个三明治即可。

肉松三明治

材料
全麦吐司3片，肉松20克，火腿片1片，小黄瓜丝5克，洋葱片5克，西红柿片10克，食用油少许

调料
市售番茄酱1小匙

做法
1. 将全麦吐司放入烤面包机中，烤至金黄取出涂上番茄酱；锅内放入少许油以小火煎熟火腿片，备用。
2. 依序叠上做法1的1片吐司、肉松、小黄瓜丝、做法1的1片吐司、做法1的火腿片、西红柿片、洋葱片、做法1的1片吐司。
3. 取面包刀切除四边后，中间对切成两个三明治即可。

总汇三明治

材料
吐司	3片
吐司火腿	2片
鸡蛋	2个
西红柿	1/2个
小黄瓜	1/2根
食用油	适量

调料
沙拉酱	适量

做法

1. 小黄瓜洗净切丝；西红柿洗净切成圆片。

2. 取锅，倒入少许油烧热，将鸡蛋打入锅内，压破蛋黄，煎至熟后盛出。

3. 另起锅，倒入少许油烧热，将火腿放入后，煎至两面略黄呈酥脆状，即可盛出。

4. 将吐司放入烤面包机中，烤至两面呈现脆黄状，除了外层的吐司只涂面外，其余吐司的两面皆均匀地涂上沙拉酱备用。

5. .先取1片外层吐司（有沙拉酱的面朝内），将小黄瓜丝、西红柿片放上，叠上另1片做法4的吐司，再放上火腿及蛋，再叠上最后1片吐司，将叠好的3片吐司合拢，以牙签稍做固定，先切去吐司边再切成4个三角形即可。

冰冻三明治

材料
白吐司3片，蛋液50克，火腿1片，鲜奶油50克，食用油适量

调料
白糖1小匙，沙拉酱适量

做法
1. 蛋液均匀布满热油锅锅面，小火煎成蛋皮，盛出切成白吐司大小的方蛋片。
2. 鲜奶油倒入容器中，加入白糖搅打成固体状。
3. 取2片白吐司分别抹上一面沙拉酱，备用。
4. 取1片做法3的白吐司为底，放入做法1的蛋皮，盖上另1片做法3的白吐司，抹上适量做法2的鲜奶油，并放入火腿片，再将最后1片白吐司抹上鲜奶油盖上，稍微压紧切除四边吐司边，再对切成两份即可。

汉堡排三明治

材料
五谷杂粮吐司2片，猪绞肉100克，洋葱末2克，紫洋葱片2克，生菜2片，胡萝卜末2克，葱末2克，番茄酱1小匙，食用油适量

腌料
酱油1/4小匙，鸡蛋液20克，面粉1小匙，面包粉1小匙，白糖1/4小匙，胡椒1/4小匙

做法
1. 猪绞肉、洋葱末、胡萝卜末、葱末加入腌料拌匀，捏成汉堡排形状，放入油锅中以小火煎熟成汉堡排，备用。
2. 杂粮吐司放入烤面包机中，烤至金黄取出，涂上番茄酱，备用。
3. 依序叠上做法2的1片吐司、生菜、紫洋葱片、做法1的汉堡排、做法2的1片吐司即可食用。

炸鸡排三明治

材料
白吐司2片，小豆苗2克，鸡胸肉片200克，红甜椒丝2克，黄甜椒丝2克，食用油适量

腌料
盐1小匙，鸡蛋1个，面粉1/4小匙，地瓜粉1大匙，淀粉1/4小匙，白糖1/4小匙，胡椒1/4小匙

调料
千岛沙拉酱1/2大匙

做法
1. 鸡胸肉片加入腌料拌匀后，放入约150℃的油锅中，以小火炸熟，沥油备用。
2. 白吐司放入烤面包机中烤至金黄取出，涂上千岛沙拉酱，备用。
3. 依序叠上做法2的1片吐司、小豆苗、双色甜椒丝、做法1的鸡排、做法2的1片吐司。
4. 用面包刀在中间切成两个三明治即可。

猪排三明治

材料
去边白吐司3片，生菜、洋葱丝、食用油各适量，火腿、里脊肉各1片，鸡蛋1个，牛奶10毫升

腌料
酱油、面粉、面包粉各1/4小匙，蛋液250克

调料
传统沙拉酱1小匙

做法
1. 洋葱丝泡冷水5分钟，沥干备用。
2. 鸡蛋加入牛奶拌匀，均匀抹在白吐司上。
3. 热锅入油小火煎熟做法2的吐司，备用。
4. 里脊肉片加入腌料拌匀，锅内放入少许油以小火煎熟并略煎火腿片，备用。
5. 依序叠上做法3的1片吐司、生菜、做法4的肉片、做法3的1片吐司、做法4的火腿片、做法1的洋葱丝、做法3的1片吐司。

炒蛋三明治

材料
法国面包1段，培根30克，奶酪丝20克，蛋液100克，洋葱末5克，生菜3片，食用油少许

调料
番茄酱1/2小匙，黑胡椒少许，无盐奶油1大匙

做法
1. 生菜洗净放入冷开水泡脆后沥干；培根切碎。
2. 平底锅入油烧热，加洋葱末和培根碎炒至金黄，倒入蛋液摊平，煎至八分熟熄火折成方形，移入烤盘，撒上奶酪丝，放入烤箱以200℃烘烤至奶酪丝融化。
3. 法国面包对切，抹上无盐奶油，放入烤箱以150℃烤至金黄，取1片为底，依序放入生菜、做法2的炸蛋酱、黑胡椒、番茄酱，再盖上另1片稍微压紧即可。

肉片三明治

材料
白吐司3片，猪肉片150克，洋葱丝、生菜、红甜椒丝、芜菁叶、食用油各适量，苹果1/2个

腌料
酱油1/2大匙，蛋液50克，淀粉1/2大匙，白糖1/4小匙，胡椒1/4小匙

做法
1. 猪肉片加入腌料拌匀备用。
2. 热油锅炒香洋葱丝，加入做法1的猪肉片以小火炒匀取出，备用。
3. 苹果洗净削皮切片，放冰盐水稍泡捞起。
4. 白吐司放入烤面包机中烤至金黄取出。
5. 依序叠上做法4的1片吐司、芜菁叶、做法2的肉片、做法4的1片吐司、做法3的苹果片、红甜椒丝、生菜、做法4的1片吐司，取面包刀对切成两个三明治即可。

生机三明治

材料

胚芽葡萄面包1片，紫卷心菜丝适量，苜蓿芽适量，松子少许，葡萄干少许，苹果丝适量

调料

沙拉酱30克，原味酸奶15毫升

做法

❶ 取一容器，将所有材料（面包除外）混合备用。

❷ 调料混合拌匀成酱汁。

❸ 胚芽葡萄面包纵向切开，但不切断，塞入做法1的材料，淋上做法2的酱汁即可。

鸡肉三明治

材料

法国面包1段，鸡胸肉300克，西红柿片2片，红生菜1片，生菜1片，苜蓿芽2克，食用油1大匙

调料

黑胡椒1/2大匙，传统沙拉酱适量

做法

❶ 鸡胸肉洗净放入适量沸水中，锅中加入食用油，以中火烫煮开，熄火加盖闷约15分钟，捞出沥干水分，均匀撒上黑胡椒抹匀，待冷却后切薄片备用。

❷ 红生菜、生菜均洗净，泡入冷开水中至变脆，捞出沥干；苜蓿芽洗净，备用。

❸ 法国面包从中间切开但不切断，内面均匀抹上适量传统沙拉酱，依序夹入做法2的食材、做法1的鸡胸肉和西红柿片即可。

贝果三明治

材料
贝果面包1个，葡萄干适量，生菜1片，西红柿片2片，水煮蛋片3片，紫卷心菜丝少许

调料
市售原味奶酪酱适量

做法
1. 将贝果面包放进烤箱略烘烤过，横剖成两半，分别抹上原味奶酪酱。
2. 取一片做法1的贝果，在底层放上葡萄干后依序放上生菜、西红柿片、水煮蛋片和紫卷心菜丝，最后将另一半贝果放置在最上面即可。

可乐饼三明治

材料
多拿滋面包1个，猪绞肉200克，洋葱末30克，胡萝卜末20克，柴鱼片10克，西红柿片、紫洋葱、生菜各2片，面包粉2大匙，食用油适量

调料
日式芥末酱1/2大匙，盐1/4小匙，胡椒粉1/4小匙，淀粉1大匙

做法
1. 多拿滋面包对切后放入烤箱内以150℃烤至金黄色后取出，抹上芥末酱备用。
2. 猪绞肉加洋葱末、胡萝卜末、盐、胡椒粉、淀粉拌匀，捏成圆扁状，蘸上面包粉即成可乐饼，入热油锅炸熟取出。
3. 叠上做法1的半边多拿滋面包、生菜、西红柿片、紫洋葱、做法2的可乐饼、柴鱼片、做法1的另半边多拿滋面包即可。

烘蛋三明治

材料

鸡蛋	2个
全麦吐司	3片
洋葱丝	5克
胡萝卜丝	2克
葱段	5克
卷心菜丝	10克
生菜	10克
西红柿片	3片
食用油	少许

调料

白胡椒粉	少许
盐	少许
乳玛琳	1小匙
沙拉酱	1小匙

做法

1. 鸡蛋打成蛋液，加入白胡椒粉和盐拌匀；生菜洗净，泡入冷开水中至变脆，捞出沥干备用。

2. 平底锅倒入少许油烧热，放入洋葱丝、胡萝卜丝、卷心菜丝和葱段小火炒出香味，倒入做法1的蛋液摊平，改中火烘至蛋液熟透，盛出切成与吐司相同大小的方片备用。

3. 全麦吐司一面抹上乳玛琳，放入烤箱中，以150℃略烤至呈金黄色，取出备用，取1片为底，依序放入生菜、西红柿片，盖上另1片全麦吐司，再放入做法2的烘蛋片并淋上沙拉酱，盖上最后1片全麦吐司，稍微压紧切除四边吐司边再对切成两份即可。

法式三明治

材料
吐司2片，鸡蛋适量，鲜奶油20克，火腿2片，
吉士1片

调料
沙拉酱1大匙

做法
① 鸡蛋打散，加入鲜奶油搅匀后过滤备用。
② 白吐司分别抹上一面沙拉酱，备用。
③ 取1片做法2的吐司为底，依序放入1片火腿
片、吉士片和另1片火腿片，盖上另1片吐
司，稍微压紧切除四边吐司边，表面均匀
蘸上做法1的蛋液备用。
④ 平底锅烧热，放入剩余奶油烧融，放入做
法3煎至呈金黄色，盛出。
⑤ 抹上沙拉酱，对切成两份即可。

烤火腿三明治

材料
全麦吐司3片，火腿片2片，生菜2片

调料
沙拉酱1小匙

做法
① 生菜洗净，泡入冷开水中至变脆，捞出沥
干水分备用。
② 火腿片入烤箱以150℃烤约2分钟，取出。
③ 全麦吐司分别抹上一面沙拉酱，备用。
④ 取1片做法3的全麦吐司为底，依序放入1片
做法1的生菜、1片做法2的火腿片，盖上
另1片全麦吐司，再依序放入1片生菜、1片
做法2的火腿片，盖上最后1片全麦吐司，
稍微压紧切除四边吐司边再对切成两份
即可。

虾仁烘蛋贝果

材料
全麦贝果面包1个，虾仁6尾，鸡蛋1个，豆浆15毫升，西红柿片30克，小黄瓜片20克，食用油少许

调料
沙拉酱3克，盐适量，黑胡椒适量

做法
1. 将鸡蛋打散，和沙拉酱拌匀后加入豆浆、盐、黑胡椒拌打均匀。
2. 热一锅，放入少许油，将虾仁煎至上色，续加入做法1的蛋液炒熟。
3. 贝果面包横剖切开，放入烤箱中微烤，取出依序放入西红柿片、做法2的虾仁蛋和小黄瓜片即可。

青蔬贝果

材料
原味贝果面包1个，生菜2片，苜蓿芽少许，玉米粒5克，奶酪片1片，西红柿片、酸黄瓜片各3片

调料
千岛沙拉酱适量

做法
1. 原味贝果面包横切成两片，抹上千岛沙拉酱备用。
2. 取1片贝果面包，依序夹入洗好的生菜、苜蓿芽、玉米粒及奶酪片、西红柿片和酸黄瓜片，再淋上剩余千岛沙拉酱，并盖上另1片贝果面包。

蛋沙拉贝果

材料
贝果面包1个，菊苣3片，洋葱丝10克，西红柿片2片

蛋沙拉
土豆1个，红甜椒丁20克，熟核桃碎20克，水煮蛋1个，沙拉酱10克，小黄瓜丁20克

做法
1. 将水煮蛋的蛋白和蛋黄分开，蛋白切丁，蛋黄压成泥，备用。
2. 土豆洗净去皮，切大块，放入电饭锅中蒸熟压成泥，和做法1的蛋黄泥混合均匀，续加入蛋白丁、小黄瓜丁、红甜椒丁、沙拉酱和熟核桃碎拌匀即为蛋沙拉。
3. 贝果面包横切开，夹入菊苣、洋葱丝和西红柿片，放上做法2的蛋沙拉即可。

香煎猪排堡

材料
汉堡包1个，里脊肉排1片，小黄瓜1/4根，西红柿1/3个，生菜1片，食用油适量

腌料
蒜末1/4茶匙，葱段5克，姜1片，酱油1/2大匙，白糖1/4小匙，淀粉1/4小匙

调料
沙拉酱1大匙

做法
1. 里脊肉排先以腌料腌制30分钟，再取出放入油锅煎至两面上色至熟成猪排。
2. 小黄瓜洗净切薄片；西红柿洗净切片；生菜洗净后，拭去水分。
3. 汉堡包内涂上部分沙拉酱，先放入生菜，再放上西红柿片、小黄瓜片和猪排，淋上剩余沙拉酱即可。

纽奥良烤鸡堡

材料
去骨鸡翅1只，紫洋葱圈1片，西红柿片1片，生菜1片，汉堡包1个

腌料
番茄酱1茶匙，白糖1/4茶匙，酱油10毫升，蒜末2克，黑胡椒粉1/4茶匙，黄芥末1/4茶匙

做法
1. 将去骨鸡翅洗净，与所有腌料拌匀后腌约15分钟至入味，备用。
2. 将做法1的腌鸡翅取出置于烤盘中，放入已预热的烤箱内，以150℃的温度烤约5分钟后取出，再涂上一次腌料（做法1剩余的），再以180℃的温度烤约8分钟取出。
3. 将汉堡包放进烤箱略烤至热，取出后横剖开，于中间依序放上生菜、做法2烤好的去骨鸡翅、西红柿片和洋葱圈即可。

姜汁烧猪堡

材料
汉堡包2个，生菜1片，生菜丝适量，五花薄肉片150克，洋葱丝20克，熟白芝麻少许，姜泥1大匙，食用油适量

调料
盐、胡椒粉、七味粉各少许，酱油50毫升，白糖25克，米酒25毫升，沙拉酱适量

做法
1. 酱油、白糖、米酒混匀，入锅以小火煮至白糖溶化；五花薄肉片撒上盐和胡椒粉。
2. 热油锅，将洋葱丝炒至香味溢出变软，加入做法1腌好的五花薄肉片，炒至变色后再加入适量做法1的调味汁炒至收汁，再加入姜泥拌匀，最后撒上熟白芝麻。
3. 将汉堡包抹上沙拉酱，夹入生菜丝、生菜和做法2的姜汁烧肉，撒上七味粉即可。

熏鸡潜艇堡

材料
法国面包1/4段，紫洋葱圈适量，生菜2片，生菜丝少许，熏鸡肉40克，酸黄瓜片3片

调料
沙拉酱少许，黑胡椒粉适量

做法
1. 法国面包横切成两片，放入烤箱中略烤热，涂抹上沙拉酱。
2. 放入紫洋葱圈、生菜、生菜丝、熏鸡肉和酸黄瓜片后，撒上黑胡椒粉，抹上剩余沙拉酱，再盖上另一片法国面包即可。

鲜菇潜艇堡

材料
潜艇堡1个，杏鲍菇2朵，生菜2片，红甜椒丝30克，紫洋葱圈30克，豆苗少许

抹酱
原味酸奶20毫升，抹茶粉5克

做法
1. 原味酸奶和抹茶粉混匀成抹酱备用。
2. 杏鲍菇洗净切片，放入预热过的烤箱中烤熟，备用。
3. 将潜艇堡放入预热过的烤箱烤热，横切开取一片，涂上适量做法1的抹酱、铺上生菜，再放上做法2的杏鲍菇片、红甜椒丝、紫洋葱圈和豆苗，再抹上其余的抹酱，盖上另一片面包即可。

黑胡椒牛肉堡

材料
法国面包1/4段，生菜2片，生菜丝少许，黑胡椒牛肉片2片，西红柿片2片

调料
沙拉酱少许

做法
❶ 法国面包横切成两片，放入烤箱中略烤热，涂抹上沙拉酱。

❷ 放入洗净的生菜、生菜丝、黑胡椒牛肉片和西红柿片，抹上剩余沙拉酱，再盖上另一片法国面包即可。

日式厚蛋堡

材料
汉堡包1个，奶油适量，培根1片，生菜1片，食用油适量

调料
蛋液50克，盐适量，白胡椒粉适量，柴鱼高汤2大匙

做法
❶ 将调料混合拌匀后，备用。

❷ 取一平底锅，倒入食用油加热，用小火将做法1的蛋液煎成薄蛋皮，趁热折叠数次成厚蛋形。

❸ 将汉堡放进烤箱略为烘烤，横剖开不切断，上下两片都抹上奶油，依序夹入生菜、培根、做法2的厚蛋即可。

鸡腿拖鞋面包

材料

拖鞋面包1个，去骨鸡腿300克，市售酸菜30克，红卷须生菜、绿卷须生菜各2片，西红柿片2片

调料

凯撒沙拉酱1/2大匙，盐少许，黑胡椒少许

做法

❶ 拖鞋面包对切后，放入烤箱内以150℃烤至金黄色后取出，抹上凯撒沙拉酱。

❷ 去骨鸡腿撒上少许盐、黑胡椒放入烤箱内以180℃烤约15分钟至熟后取出，备用。

❸ 依序叠上做法1的半边拖鞋面包、红卷须生菜、绿卷须生菜、西红柿片、做法2烤好的去骨鸡腿、酸菜、凯撒沙拉酱、做法1的另一半拖鞋面包即可。

泰式猪肉面包

材料

法国面包1段，猪肉片50克，红辣椒末1/4小匙，葱段1/4小匙，西红柿丁2克，生菜1片，食用油适量

调料

市售泰式酸辣酱 1/2大匙

做法

❶ 法国面包中间切开，但别切断，放入烤箱内以150℃烤至金黄色后取出，中间铺上生菜备用。

❷ 取一炒锅，加入适量食用油，炒香红辣椒末、葱段，加入猪肉片、西红柿丁、泰式酸辣酱以小火炒匀，备用。

❸ 将做法2的馅料夹入法国面包内即可。

泰式鸡肉面包

材料
法国面包1段，鸡胸肉100克，香菜1/4小匙，豆芽菜10克，青木瓜少许，生菜、圣女果片各2片，食用油少许

调料
市售泰式酸辣酱适量

做法

❶ 生菜洗净，入冷开水泡至脆，捞出沥干。

❷ 青木瓜洗净去皮、去籽和内膜后切丝；豆芽菜洗净，去除头尾；香菜洗净切小段。

❸ 鸡胸肉洗净切丝，加入泰式酸辣酱腌制。

❹ 热锅倒入少量油烧热，加入做法3的鸡胸肉中火炒至变白，加入做法2的青木瓜丝、圣女果片和豆芽菜拌炒至入味，盛出。

❺ 法国面包切开不切断，依序夹入做法1的生菜、做法4的材料、做法2的香菜段即可。

熏鸡栉瓜面包

材料
法国面包1个，市售熏鸡肉片50克，黄栉瓜片10克，绿栉瓜片10克，西红柿片2片

调料
凯撒沙拉酱1/2大匙

做法

❶ 法国面包对切后放入烤箱内以150℃烤至金黄色后取出，抹上凯撒沙拉酱备用。

❷ 依序叠上做法1的半边法国面包、绿栉瓜片、西红柿片、熏鸡肉片、黄栉瓜片、做法1的另半边法国面包即可。

烤鸡面包

材料
法国面包1段，鸡腿肉80克，西红柿片1片，红生菜1片，生菜1片，食用油少许

调料
迷迭香5克，黄芥末酱1小匙，传统沙拉酱适量，食用油少许

做法
1. 鸡腿肉洗净，与迷迭香拌匀腌制10分钟，放平底锅，入油煎至略呈金黄，盛出再移入烤箱以150℃烘烤约10分钟，取出。
2. 红生菜、生菜洗净，沥干水分备用。
3. 法国面包从中央切开，放入烤箱中，以150℃略烤至呈金黄色，取出内面抹上沙拉酱，依序叠上1片面包、做法2的红生菜、生菜、西红柿片和做法1的鸡腿肉，淋上黄芥末酱，再叠上另1片面包即可。

焗烤法国面包

材料
法国面包片4片，生菜4片，圣女果4颗，火腿片1片，奶酪片2片，玉米粒3大匙，奶酪丝80克，香芹碎少许

调料
法式白酱4大匙，黑胡椒粉1/2小匙

做法
1. 生菜洗净沥干水分切丝；火腿、圣女果和奶酪片切小丁状，再和玉米粒、法式白酱、黑胡椒粉混合搅拌备用。
2. 取一片法国面包，铺上适量做法1的馅料，撒上奶酪丝放至烤盘上，重复前述步骤至法国面包用完为止。
3. 放入烤箱中，以上火220℃、下火160℃烤10~15分钟，至表面金黄取出，撒上香芹碎即可。

苹果焦糖面包

材料
法式长条面包1/2条，苹果丁100克，奶油15克，白糖2大匙，肉桂粉适量

蛋液材料
鸡蛋1个，牛奶100毫升，白糖1大匙

做法

① 将蛋液材料混合均匀，备用。

② 法国面包切1厘米厚片，蘸裹做法1的蛋液约5分湿度。

③ 热一平底锅，放入适量奶油（分量外），放入做法2的面包，煎至双面呈金黄色盛盘。

④ 另起一平底锅，开小火，放入2大匙白糖，移动锅身使白糖均匀受热至焦糖化，续放入奶油至融化，再放入苹果丁蘸裹均匀，淋于做法3之上，撒上肉桂粉即可。

橄榄杂粮面包

材料
杂粮面包1段，红心橄榄6颗，红生菜、生菜各2片，西红柿片、小黄瓜片各3片，洋葱圈3圈，吉士片1片

调料
盐少许，黄芥末酱1大匙，沙拉酱1小匙

做法

① 红生菜、生菜、洋葱圈洗净，入冷开水泡至脆，捞出沥干。

② 小黄瓜片加入少许盐略抓，静置5分钟至出水，倒出水分再以冷开水冲洗，沥干。

③ 红心橄榄洗净沥干水分切片备用。

④ 杂粮面包切开但不切断，内面抹上沙拉酱，依序夹入红生菜、生菜、西红柿片、小黄瓜片、洋葱圈并放上红心橄榄片、黄芥末酱即可。

芥末热狗堡

材料
船形面包1个，生菜2片，大热狗1根，酸黄瓜酱
10克

调料
黄芥末少许，沙拉酱少许

做法
❶ 大热狗放入沸水中烫熟或放入锅中煎熟。
❷ 在船形面包的中间切面上涂抹上少许沙拉
　 酱，依序放入洗净的生菜和大热狗。
❸ 食用前再淋上酸黄瓜酱和黄芥末即可。

姜汁烧肉堡

材料
薄片肉100克，洋葱1/2个，生菜2片，姜泥适
量，米堡2片，黑芝麻少许，七味粉适量

烧肉酱汁材料
酱油20毫升，酒12毫升，米酒5毫升，白糖10克

做法
❶ 薄片肉洗净并沥干水分；生菜洗净；洋葱
　 洗净后切丝；将烧肉酱汁材料拌匀。
❷ 锅烧热放入做法1的薄片肉炒熟后取出。
❸ 于做法2的锅中放入做法1的洋葱丝拌炒，
　 再放入做法2的肉片及烧肉酱汁拌炒。
❹ 于做法3中放入姜泥拌炒一下即完成馅料。
❺ 取一片米堡，铺上生菜后，再放入适量做
　 法4的馅料，再放一片生菜，最后撒上七味
　 粉与黑芝麻并盖上一片米堡即可。

坚果鱼堡

材料
面包	1个	烤熟杏仁片	少许
鲷鱼肉片	1片	沙拉酱	1大匙
熟土豆泥	100克	食用油	少许
牛奶	2大匙		
洋葱丝	50克		
小黄瓜丝	50克		
黄甜椒丝	30克		
红甜椒丝	30克		

调料
盐	适量
胡椒粉	适量
低筋面粉	少许

做法
1. 鲷鱼肉片双面均匀撒上少许盐和胡椒粉，再拍上一层薄薄的面粉；洋葱丝冲水洗除辛呛味，充分沥干水分，备用。
2. 热一平底锅，放入少许油，放入做法1的鲷鱼肉片煎至双面金黄，备用。
3. 土豆泥加入剩余盐和胡椒粉拌匀，再加入沙拉酱和牛奶拌匀，备用。
4. 将面包横剖不切断，放入烤箱略烤，取出，依序夹入所有蔬菜丝、做法2的鲷鱼肉片、做法3的土豆泥，再撒上杏仁片即可。

炸里脊米汉堡

📋 **材料**

里脊肉1片，生菜1片，卷心菜丝适量，猪排酱汁适量，米堡2片，低筋面粉适量，蛋液适量，面包粉适量，食用油适量

🧂 **调料**

盐少许，胡椒粉少许

🍳 **做法**

1. 生菜与卷心菜丝洗净，沥干水分后备用。
2. 里脊肉洗净并沥干水分后，再用刀背将肉拍平，撒上少许盐、胡椒粉，备用。
3. 将做法2的里脊肉依序均匀蘸裹上低筋面粉、蛋液、面包粉后，备用。
4. 起一锅，加入较多的油后，放入做法3的里脊肉煎至两面呈酥脆状即可盛起备用。
5. 米堡放上做法1的生菜、卷心菜丝，做法4的肉排，猪排酱汁，再盖上1片米堡即可。

鱼香米堡

📋 **材料**

鱼块1块，四季豆50克，米堡2片，食用油、面粉、蛋液、面包粉各适量

🧂 **调料**

盐、胡椒、番茄酱、沙拉酱各适量

🍳 **做法**

1. 鱼块洗净，加盐、胡椒后依序放入并蘸裹上面粉、蛋液与面包粉；四季豆洗净。
2. 起一油锅烧至180℃后，再于锅中放入做法1的四季豆油炸至柔软捞起并沥干油。
3. 再于做法2的锅中放入做法1的鱼块，炸至表面呈金黄色即可捞起将油沥干，备用。
4. 取一片米堡依序放上做法2的四季豆、适量沙拉酱、少许番茄酱、做法3的炸鱼块、剩余番茄酱，最后再盖上一片米堡即可。

蕈菇蛋米堡

材料
蕈菇200克，海苔1/4片，生菜适量，米堡2片，食用油、淀粉各少许，蛋液50克

调料
蚝油18毫升，酱油10毫升，酒30毫升，白糖10克，盐、黑胡椒各少许

做法
1. 蕈菇洗净切小块；所有调料（黑胡椒除外）放入碗中拌匀成酱汁。
2. 蛋液、水、淀粉、盐（分量外）搅匀；热锅，于锅底抹少许油，倒入蛋液，煎成蛋皮。
3. 锅中再入油烧热，放入做法1的蕈菇及酱汁炒入味，加适量黑胡椒拌匀即为馅料。
4. 取一片做法2的蛋皮，放上生菜及做法3的馅料，包成条状，取一片米堡，放上海苔片、蛋包，再盖上一片米堡即可。

三杯鸡堡

材料
去骨鸡肉150克，姜片、大蒜、红辣椒各10克，罗勒、生菜各适量，米堡2片，食用油适量

调料
蚝油20毫升，酱油30毫升，乌醋30毫升，白糖18克

做法
1. 去骨鸡肉洗净，沥干水分，切成适当大小；罗勒与生菜洗净并沥干水分；所有调料一起拌匀成酱汁。
2. 热锅入油，将做法1的鸡肉煎至八分熟。
3. 另热锅入油，爆香姜片、大蒜、红辣椒，放入做法2的鸡肉与做法1的酱汁炒入味，起锅前，放入做法1的罗勒拌炒即为馅料。
4. 取1片米堡，放上1片做法1的生菜，再放入适量馅料，盖上另1片米堡即可。

炸猪排汉堡

材料
汉堡面包1个，猪里脊肉片80克，培根、奶酪片各1片，洋葱丝、香芹碎各10克，面粉、面包粉、酸黄瓜片、蛋黄液、食用油各适量，生菜2片，西红柿片3片，青椒圈3圈

调料
千岛沙拉酱、盐、白胡椒粉、白酒各适量

做法
1. 猪里脊肉片以盐、白胡椒粉、白酒腌制。
2. 做法1的猪里脊肉依次蘸裹上面粉、蛋黄液、面包粉，以170℃油温炸至金黄备用。
3. 培根煎熟对半切片；汉堡面包放入烤箱烤热，涂上千岛沙拉酱，备用。
4. 汉堡依序夹上生菜、做法3的煎培根、西红柿片、青椒圈、做法2的炸猪排、奶酪片、酸黄瓜片、洋葱丝，再撒上香芹碎即可。

美式汉堡

材料
汉堡面包1个，汉堡肉1片，生菜1片，生菜丝少许，奶酪片1片，西红柿片2片，紫洋葱圈适量，食用油少许

调料
沙拉酱少许，番茄酱少许

做法
1. 取锅，加入少许食用油烧热，放入汉堡肉煎熟。
2. 汉堡面包横切一刀不切断，抹上沙拉酱。
3. 再依序夹入洗净的生菜、生菜丝、奶酪片、西红柿片、做法1的汉堡肉和紫洋葱圈，最后再挤上番茄酱即可。

鲔鱼沙拉堡

材料
鲔鱼罐头50克，洋葱末20克，玉米粒罐头10克，生菜1片，汉堡面包1个

调料
沙拉酱1大匙，白糖1/4茶匙，黑胡椒粉1/4茶匙

做法
1. 将鲔鱼罐头和玉米粒罐头的汤汁沥干，倒入调理盆中，再加入洋葱末及所有调料，拌匀即为鲔鱼沙拉。
2. 将汉堡面包放进烤箱略烤至热，取出后横剖开，于中间依序放上做法1的鲔鱼沙拉及洗净的生菜即可。

咖喱羊肉卷饼

材料
市售饼皮2张，羊肉片250克，洋葱丝60克，蒜末、姜末各20克，生菜2片，三色蔬菜150克，食用油2大匙

调料
咖喱粉、蛋清、白糖各2大匙，米酒4大匙，盐1/2茶匙，淀粉1大匙

做法
1. 先将羊肉片加入适量咖喱粉、盐、米酒、白糖、蛋清、淀粉抓匀，腌制5分钟备用。
2. 锅烧热倒入2大匙食用油，将做法1腌好的羊肉片下锅炒散，至表面变白捞出沥干。
3. 做法2的锅底留油，爆香洋葱丝、蒜末及姜末，加入三色蔬菜及做法2的羊肉片翻炒。
4. 加剩余盐、白糖、米酒炒至汤汁收干。
5. 饼皮卷上生菜及做法4的馅料即可。

吐司口袋饼

材料
吐司2片，鸡蛋2个，红甜椒丁30克，香肠丁15克，小黄瓜丁30克，鲜奶1大匙，食用油1大匙

调料
盐1/4茶匙，白胡椒粉1/8茶匙

做法
1. 鸡蛋打散，与小黄瓜丁、红甜椒丁、香肠丁、鲜奶和调料混合拌匀。
2. 热一锅，加入食用油，倒入做法1的材料，以小火慢慢拌炒至蛋凝固成滑嫩状。
3. 先取1片吐司做底，于其上加入10克做法2的材料，再盖上另1片吐司。
4. 用小碗盖放在做法3的吐司上，用力压断，使其成紧实的圆形吐司即可。

土豆丝饼

材料
土豆1个，奶酪片1片，香芹碎、食用油各适量

调料
盐适量，白胡椒粉适量

做法
1. 土豆整个放入沸水里煮约15分钟，直至中心熟透。（以竹签穿插，若能轻易插入即可，也可使用微波炉将整个土豆微波熟。）
2. 将做法1的土豆用刨丝器刨成丝，加入盐、白胡椒粉搅拌后压制成扁平状，放入平底锅，加入适量食用油，煎至呈酥脆状，再撒上香芹碎、铺上奶酪片即可。

意大利煎蛋饼

材料

土豆	80克
南瓜	80克
西蓝花	60克
红甜椒丁	40克
洋葱丁	50克
蒜末	20克
香芹末	5克
鸡蛋	2个

调料

橄榄油	4大匙
盐	1/2茶匙
黑胡椒粒	1/4茶匙
白酒	2大匙
市售高汤	50毫升

做法

1. 土豆洗净去皮后切薄片；南瓜和西蓝花洗净分切成小丁；鸡蛋打入容器中，加入盐拌匀备用。

2. 取平底锅烧热，加入2大匙橄榄油，放入洋葱丁和蒜末炒香后，加入其余材料炒匀，再加入黑胡椒粒、白酒及市售高汤，以小火炒至土豆和南瓜熟软后盛出，再加入蛋液中拌匀。

3. 洗净平底锅后，加入2大匙橄榄油，将做法2的蛋液倒入锅中，小火煎至蛋液略凝固。

4. 取一盘子，盘面要比锅面大，盖至锅上后将锅子翻转，让蛋翻面，再将蛋滑入平底锅中煎熟另一面，呈金黄色后，取出切片即可盛盘。

法式蛋饼

材料
鸡蛋3个，牛奶、低筋面粉各4大匙，白糖1/2小匙，奶酪片、火腿片各1片，奶酪粉、香芹末各少许，食用油适量

调料
盐少许，胡椒粉少许，奶油适量

做法
1. 将2个鸡蛋打散，筛入低筋面粉，与牛奶、白糖混合均匀成蛋糊。
2. 将食用油均匀布满锅底，中火加热，放入奶油使其融化，将做法1的蛋糊倒入锅中布满锅底，煎至半熟，转小火依序放入奶酪片、火腿片，打入1个鸡蛋，加少许盐、胡椒粉，将蛋皮四边向中央折起成四方形。
3. 待蛋黄半熟后即可盛盘，最后撒上奶酪粉、香芹末作装饰。

土豆煎蛋饼

材料
鸡蛋2个，土豆1个，红甜椒1/3个，培根1片，食用油1大匙，葱花适量

调料
盐少许，白胡椒粉少许

做法
1. 土豆洗净去皮，放入电饭锅中蒸熟后取出切碎；红甜椒、培根洗净切碎，备用。
2. 将鸡蛋打散，加入做法1的材料和所有调料一起搅拌均匀，备用。
3. 起一炒锅，加入1大匙食用油，续加入做法2的蛋液，以中小火煎至双面全熟，撒上葱花即可。

韩式泡菜蛋饼

材料

泡菜60克，韭菜40克，葱1根，猪肉薄片30克，鸡蛋2个，低筋面粉6大匙，蓬莱米粉2大匙，食用油适量

调料

黑胡椒粉少许，盐少许，水150毫升，鸡精1小匙

做法

1. 将泡菜滤除汁液；韭菜、葱洗净，切成5厘米长段备用。
2. 锅中入油加热，猪肉薄片撒上盐、黑胡椒粉，入锅煎至变色全熟，起锅备用。
3. 将鸡蛋打散，筛入低筋面粉和蓬莱米粉，再与水、鸡精混合均匀即为蛋液。
4. 将食用油均匀布满锅底，用中火加热，将做法1、做法2与做法3的所有材料混合均匀后倒入锅中，煎至两面呈金黄色即可。

吐司春卷

材料

吐司、火腿片各2片，春卷皮4张，生菜、薄荷叶各4片，熟虾仁8尾，罗勒叶8片，小黄瓜1根，蛋液100克，食用油适量

调料

鱼露、凉开水各1大匙，白醋、白糖各2大匙，红辣椒末适量

做法

1. 生菜、罗勒叶、薄荷叶洗净；小黄瓜洗净去头尾，切条再对切。
2. 吐司蘸蛋液放入油锅煎至两面脆黄对切。
3. 熟虾仁对剖；火腿片切条；调料混匀。
4. 春卷皮蘸凉开水至软，放上生菜、做法2的吐司片、做法3的火腿片、小黄瓜条、罗勒叶、薄荷叶、虾仁，卷紧斜刀对切，蘸做法3的调料食用即可。

奶酪鸡肉卷

材料

市售饼皮2张，鸡胸肉片300克，生菜2片，洋葱丝30克，西红柿片4片，豌豆缨10克，奶酪片2片，食用油少许

调料

盐1/4茶匙，意大利综合香料少许，市售芥末沙拉酱2大匙

做法

1. 鸡胸肉片撒上盐及意大利综合香料腌制3分钟，备用。
2. 平底锅烧热加入少许油，将鸡胸肉片放入锅中，以小火煎至两面微焦熟透，取出切片备用。
3. 将饼皮摊平，依序放入洗净的生菜、做法2的鸡胸肉片、奶酪片、西红柿片、洋葱丝和豌豆缨，挤上芥末沙拉酱卷起即可。

油条河粉卷

材料

市售河粉皮1张，油条1根，生菜3片，叉烧肉片80克

调料

鱼露1大匙，香油1茶匙，红辣椒末5克

做法

1. 取出河粉皮摊平，依序将洗净的生菜、油条、叉烧肉片放入，再将河粉卷成长条型。
2. 取一容器，放入所有调料，调匀成蘸酱，上桌时也可以切段蘸酱食用。

月见吐司比萨

材料

鸡蛋黄1个，厚片吐司1片，培根2片，菠菜80克，沙拉酱1大匙，奶酪丝30克，奶油10克

调料

橄榄油1小匙，盐少许，黑胡椒粉少许

做法

1. 培根切碎；菠菜洗净去蒂头，入沸水汆烫后沥干切碎，与培根碎及所有调料拌匀。
2. 厚片吐司先抹上奶油，再放入烤箱中烤至表面上色备用。
3. 将烤好的厚片吐司先铺上做法1的菠菜，再依序撒上奶酪丝、挤上沙拉酱，用汤匙在中央压个凹槽，放入200℃的烤箱中，烤至奶酪融化后取出。
4. 在中央凹槽处加入一个蛋黄，再放入烤箱续烤约3分钟即可。

焗烤水煮蛋

材料

水煮蛋3个，芦笋200克，火腿块30克，奶酪丝20克

调料

沙拉酱3大匙，黑胡椒适量

做法

1. 将芦笋洗净汆烫后，过冷水冷却，捞起沥干盛盘备用。
2. 将水煮蛋切成4等份圆片，排放至芦笋上。
3. 将火腿块、奶酪丝、沙拉酱、黑胡椒混匀，放至做法2的水煮蛋片上。
4. 将做法2的半成品放入已预热的烤箱中，以上火200℃烤至表面略上色即可。

焗烤奶酪蛋

材料
鸡蛋2个，鲷鱼肉适量，西蓝花适量，红辣椒1根

调料
奶酪丝30克，盐少许，黑胡椒少许，米酒1小匙

做法

1. 将鲷鱼肉洗净，切成片状，汆烫备用；西蓝花洗净，掰成小朵；红辣椒洗净，切小段，备用。
2. 将鸡蛋打散，加入所有调料搅拌均匀，备用。
3. 取一烤盘，加入做法1的所有材料，再加入做法2搅拌好的蛋液，最后放入预热过的烤箱以200℃烤约10分钟至奶酪丝融化上色即可。

蔬菜烤蛋

材料
鸡蛋1个，洋葱1/2个，杏鲍菇60克，南瓜100克，西红柿1个，蒜末5克，食用油适量

调料
盐适量，白胡椒粉适量

做法

1. 洋葱洗净切丝；杏鲍菇洗净切小块；南瓜洗净切滚刀块；西红柿洗净切成六等份。
2. 取锅烧热，加入适量食用油，炒香蒜末，依序放入做法1的所有材料充分拌炒，再加入少许盐和白胡椒粉调味。
3. 将做法2的材料放入烤皿中，中央挖洞打入鸡蛋，撒上剩余盐和白胡椒粉，放入已预热好的烤箱中，以上火200℃烤5~8分钟至表面略上色即可。

美式炒蛋

材料

鸡蛋3个，鲜奶2大匙，无盐奶油2大匙

调料

盐1/4茶匙，黑胡椒少许

做法

1. 鸡蛋打散，加鲜奶和盐，混合拌匀备用。
2. 热平底锅，加入无盐奶油，以小火加热至奶油融化。
3. 将做法1的蛋液倒入做法2的热锅中。
4. 开小火，用平锅铲将蛋液用推的方式铲动，让蛋呈片状慢慢凝固。
5. 至蛋凝固成型，撒上黑胡椒即可。

和风大阪烧

材料

低筋面粉15克，淀粉15克，蛋液200克，水150毫升，食用油1大匙，葱花少许，鲜奶3大匙，奶酪片适量，柴鱼片少许

调料

沙拉酱适量，柴鱼素2克，七味粉少许，青海苔粉少许，黄芥末1/3小匙

做法

1. 将蛋液、水、少许沙拉酱、柴鱼素混合拌匀，加入过筛的低筋面粉、淀粉和七味粉、葱花混合均匀，静置30分钟备用。
2. 平底锅烧热，加入适量食用油布满锅面润锅，倒入适量做法1的蛋浆摇动锅面，放上奶酪片，包卷成蛋饼状，即可起锅盛盘。
3. 再淋上鲜奶、沙拉酱、黄芥末混合拌匀的酱料，最后撒上柴鱼片、青海苔粉即可。

香芹蟹肉蛋卷

📋 材料
鸡蛋3个，蟹肉棒4根，香芹碎20克，食用油少许

🍶 调料
盐少许，黑胡椒少许，沙拉酱少许

🍳 做法
① 将蟹肉棒撕成细丝，和调料搅拌均匀，备用。
② 鸡蛋打散，加入适量香芹碎，搅拌均匀。
③ 热一平底锅，加入少许油，倒入做法2的材料，以中小火煎至8分熟，铺上做法1的材料，再慢慢卷成圆柱状，切段盛盘，撒上剩余香芹碎即可。

沙拉三丝蛋卷

📋 材料
鸡蛋2个，鸡胸肉80克，小黄瓜1根，白萝卜50克，香芹叶少许，食用油适量

🍶 调料
盐少许，水淀粉适量，沙拉酱50克

🍳 做法
① 取锅，倒入适量水煮沸，放入鸡胸肉以小火煮约5分钟后，取出放凉再剥成细丝状。
② 小黄瓜和白萝卜洗净沥干，切丝备用。
③ 鸡蛋打入碗中，加入盐及水淀粉拌匀，取平底锅煎成蛋皮备用。
④ 取做法3的蛋皮摊平，依序放入做法1的鸡肉丝和做法2的小黄瓜丝、白萝卜丝后，将蛋皮卷起，切小段摆盘，再挤上沙拉酱，饰以香芹叶即可。

奶酪蛋卷

材料
鸡蛋3个，牛奶30毫升，奶酪丝20克，培根1片，奶油1大匙，熟甜豆荚适量，食用油1大匙

调料
盐少许，黑胡椒粉少许

做法
1. 培根切小片，入锅煎出油脂，盛起备用。
2. 将鸡蛋打入容器中，加入所有调料和牛奶混合拌匀。
3. 取锅烧热，加入1大匙食用油润锅，放入1大匙奶油溶化后，倒入做法2的蛋液，均匀铺上奶酪丝和做法1的培根片。
4. 待蛋液边缘膨起，用筷子搅拌，煎至半熟状，移至寿司竹帘上，整成圆形，切段摆盘，放上熟甜豆荚即可。

奶酪厚蛋烧

材料
蛋液150克，牛奶60毫升，综合奶酪丝40克，奶油适量

调料
盐少许，白胡椒粉少许，番茄酱适量

做法
1. 蛋液、牛奶、盐、白胡椒粉拌匀成蛋汁；综合奶酪丝用保鲜膜整成长条状。
2. 加热小方锅，用纸巾沾少许融化的奶油涂抹在锅底，倒入适量做法1的蛋汁煎至半熟，将做法1的综合奶酪丝放入前半段蛋皮中间后将其对折包住奶酪，并推至前端。
3. 在做法2的锅底再抹上少许奶油，翻开前端蛋卷再倒入蛋汁布满锅底，煎至半熟再从前端将其卷起，重复此做法至蛋汁用完，食用时搭配番茄酱即可。

野莓鸡肉沙拉

材料

鸡胸肉150克，生菜100克，野莓酱15克，新鲜蓝莓适量

调料

油醋汁50毫升，盐、白胡椒粉、白酒各适量

做法

1. 取一容器，放入鸡胸肉、盐、白胡椒粉及白酒，腌制10分钟。
2. 煮一锅水，沸腾后转小火保持微滚状态，放入做法1的鸡胸肉煮约10分钟后取出，待冷却后切片备用。
3. 生菜洗净，泡冰水冰镇后取出，沥干备用。
4. 将野莓酱与油醋汁、新鲜蓝莓一起搅拌均匀，加入做法2的鸡肉片与做法3的生菜，混合均匀即可。

凯撒沙拉

材料

去边吐司4片，生菜1棵，培根2条，奶酪粉1大匙，食用油少许

调料

凯撒沙拉酱3大匙

做法

1. 生菜洗净，沥干水分切小段，备用。
2. 去边吐司切小丁，放入烤箱以170℃烤至酥脆，备用。
3. 将培根切段，用少许食用油以小火炒至酥脆沥干油。
4. 将做法1、2和3的所有材料混合，再淋上凯撒沙拉酱、撒上奶酪粉拌匀即可。

班尼迪克蛋

材料

西红柿	1个
鸡蛋	2个
黄甜椒	1/3个
葱	1根
香芹碎	1小匙
红椒丝	少许

调料

融化奶油	30克
百里香	1小匙
橄榄油	1小匙
白醋	1小匙
盐	少许
黑胡椒	少许

做法

1. 将1个鸡蛋打入约90℃的热水中，用在周围搅拌的方式，让鸡蛋成蛋包状，捞起备用。
2. 取另1个鸡蛋，将蛋清和蛋黄分离，备用。
3. 西红柿洗净对切，续放入平底锅中，以中火煎至上色；黄甜椒和葱洗净切碎，备用。
4. 将做法2的蛋黄加入不锈钢盆中，以打蛋器搅拌均匀，接着慢慢加入融化奶油，一边搅拌呈稠状，续加入橄榄油、白醋、盐和黑胡椒，搅拌均匀。
5. 将做法3的西红柿放盘中，再放上做法1的蛋包，最后淋入做法4的酱汁，撒上香芹碎，放上红椒丝、百里香即可。

柳橙山药沙拉

材料
橙子果肉50克，山药丁80克，秋葵20克

调料
白芝麻1/4小匙，米酒2大匙，日式酱油1小匙，香油1/4小匙

做法
1. 山药丁泡入醋水（醋:水＝1:5）中约3分钟去除黏液，捞出沥干水分，备用。
2. 秋葵放入沸水锅中氽烫约3分钟，再泡入冰水中，待冷却至凉后切小丁。
3. 将所有材料拌匀盛盘；所有调料调匀成日式和风酱，淋入盘中即可。

海带芽沙拉

材料
干海带芽2克，山药丝40克，紫洋葱细丝20克，苹果条30克，生菜3~5片

调料
有机苹果醋1小匙，百香果汁1/2小匙，冰糖1/2小匙

做法
1. 将干海带芽放入开水中泡发，取出沥干水分，泡入苹果醋中15分钟，备用。
2. 将生菜洗净切段，铺于盘底，摆上山药丝和紫洋葱丝；百香果汁和冰糖拌匀成酱汁。
3. 续于做法2的盘中放上做法1的海带芽，淋上调匀的酱汁即可食用。

田园沙拉

材料
综合生菜200克，洋葱圈20克，圣女果5颗，绿橄榄5颗，黑橄榄5颗，百里香5克，柠檬汁30毫升

调料
橄榄油适量，巴萨米克醋酱适量，白糖10克

做法
1. 将圣女果洗净底端切十字，放入沸水中汆烫约10秒后捞起，放入冰水冷却后脱皮备用。
2. 将做法1的去皮圣女果和绿橄榄、黑橄榄、柠檬汁、百里香、白糖及橄榄油一起搅拌均匀，腌制5分钟即为腌制西红柿。
3. 将做法2与洗净的综合生菜、洋葱圈混合，淋上适量巴萨米克醋酱即可。

苜蓿芽沙拉

材料
鸡蛋2个，苜蓿芽1/2盒，香芹碎少许，食用油适量

调料
盐少许，黑胡椒少许，七味辣椒粉少许，沙拉酱少许

做法
1. 将鸡蛋放入水中煮熟成水煮蛋，去壳；所有调料调匀，备用。
2. 热一油锅至170℃，放入做法1的水煮蛋炸成金黄色，捞起沥干油脂，分别切成4等份，备用。
3. 将苜蓿芽洗净沥干，铺入盘底，放上做法2的炸蛋，再淋入做法1的调料，最后撒上香芹碎即可。

香香蛋沙拉

材料
白煮蛋3个，萝蔓生菜2棵，小黄瓜1根，圣女果3颗，红甜椒1/3个

调料
橄榄油少许，黑胡椒粒少许

做法
1. 白煮蛋去壳，切成两等份，挖出蛋黄，蛋白切小块，备用。
2. 锅中加入调料，放入做法1的蛋黄炒香。
3. 萝蔓生菜洗净切小段；小黄瓜洗净切片；圣女果洗净对切；红甜椒洗净切丁；将上述全部材料放入冰水中冰镇约20分钟后，再捞起备用。
4. 将做法3的材料、做法1的蛋白放入容器中拌匀，再撒上做法2的蛋黄即可。

白煮蛋沙拉

材料
白煮蛋5个，土豆80克，胡萝卜80克，青豆50克，洋葱碎10克，沙拉酱适量，生菜2片

做法
1. 白煮蛋去壳将蛋白上方切掉一开口，取出蛋黄，并将蛋白下方也切除一些使其能站立，备用。
2. 土豆、胡萝卜洗净去皮切丁，与青豆一起放入沸水中汆烫，煮熟后捞出泡冰水。
3. 取做法1的蛋黄2个压碎，加入适量沙拉酱拌匀，再加入做法2沥干的材料以及洋葱碎搅拌均匀，最后盛入做法1的蛋白容器中，摆入铺有生菜的盘内即可。

鲑鱼饭团

材料
新鲜鲑鱼120克，小黄瓜1根，米饭适量，海苔4片，食用油少许

调料
盐适量

做法
1. 烤架铺上1张锡箔纸，于表面抹上一层油。
2. 鲑鱼洗净，擦干水分，均匀撒上适量盐，放在做法1的锡箔纸上，移入已预热的烤箱中，用180℃烤10~15分钟至熟后取出，去刺、剥碎，备用。
3. 小黄瓜先用适量盐搓揉，再冲水洗去盐分，剖开去籽后切小丁；将米饭与鲑鱼、小黄瓜丁一起拌匀，再取适量捏紧成饭团，可依喜好分别包成数颗或再裹上海苔即可。

泡菜烧肉饭团

材料
泡菜70克，五花薄肉片100克，蒜末10克，葱花、熟白芝麻、米饭、海苔、食用油各适量

调料
酱油1大匙，米酒1大匙

做法
1. 酱油、米酒混合均匀备用。
2. 泡菜、五花薄肉片切小段，备用。
3. 热锅，加入适量油炒香蒜末，放入做法2的五花薄肉片炒至肉色变白，再加入泡菜段拌炒，续倒入做法1混合好的调料，充分拌炒入味，起锅前撒上葱花与熟白芝麻略拌即为泡菜烧肉馅。
4. 将做法3的泡菜烧肉馅沥干汤汁，取适量包入米饭中捏紧成饭团，依喜好分别包成数颗或再裹上海苔即可。

照烧鸡肉饭团

材料
去骨鸡腿肉150克，米饭适量，海苔适量，食用油适量

调料
酱油、米酒、蜂蜜各1大匙，七味粉适量

做法
1. 酱油、米酒、蜂蜜拌匀，成照烧酱汁。
2. 去骨鸡腿肉洗净擦干，切小块状，备用。
3. 热锅倒入食用油，放入做法2的鸡腿肉块煎至肉质收缩后，盛起备用。
4. 洗净做法3的锅，加热烧干后放做法3的鸡腿肉块及做法1的照烧酱汁，炒入味至收汁，撒上七味粉略拌匀，成内馅备用。
5. 取适量做法4的内馅包入米饭中捏紧成饭团，依喜好分别包成数颗或者裹上海苔即可食用。

辣味味噌饭团

材料
去骨鸡腿肉200克，淀粉、熟黑芝麻、熟白芝麻、罗勒叶各少许，米饭、海苔、食用油各适量

调料
味噌25克，米酒35毫升，白糖15克，辣豆瓣酱10克，香油少许

做法
1. 去骨鸡腿洗净切丁，以淀粉、香油腌制。
2. 味噌、米酒、白糖、辣豆瓣酱混成酱料。
3. 热锅后倒入适量油，加入做法1的鸡腿肉丁炒至上色，再加入做法2的酱料充分拌炒均匀至收汁，盛起即成内馅备用。
4. 取适量做法3的内馅包入米饭中，再撒上少许熟黑芝麻、熟白芝麻，捏紧成饭团，依喜好分别包成数颗或再裹上海苔，饰以罗勒叶即可。

炸虾饭团

材料
鲜虾6尾，米饭适量，海苔适量，低筋面粉、面包粉、罗勒叶各少许，蛋液50克，食用油适量

调料
盐少许，白胡椒粉少许，沙拉酱少许

做法
1. 鲜虾去肠泥后剥壳（保留尾部），撒上盐、白胡椒粉，将虾肚剖开，虾头塞入肚中，卷起成虾球备用。
2. 做法1的虾球依序蘸裹低筋面粉、蛋液、面包粉，放入180℃的油锅中炸酥后捞起。
3. 取适量米饭，饭中心挤上沙拉酱，放上做法2的虾球，可依喜好分别包成数颗或再裹上海苔，留虾尾在饭团外，饰以罗勒叶即可，此分量可包成6份。

香煎饭团

材料
五谷饭1碗，吻仔鱼30克，香椿末2小匙，食用油适量

调料
味噌1/2小匙，热水30毫升

做法
1. 吻仔鱼洗净沥干水分，和五谷饭混合均匀，备用。
2. 将味噌和热水调匀，即成蘸酱。
3. 将做法1的材料捏成两个三角形饭团，双面涂上做法2的蘸酱。
4. 热平底锅，入少许油，放入做法3的饭团，以小火煎至两面微焦黄，食用前撒上香椿末即可。

蛋黄烤饭团

材料
蛋黄1个，米饭适量，食用油少许

调料
酱油1小匙，米酒1小匙

做法
1. 将蛋黄、酱油和米酒放入容器中，混合拌匀，备用。
2. 取适量米饭捏紧，整成三角饭团的形状。
3. 平底锅烧热，倒入少许油，放入做法2的饭团以小火煎至底面微黄，翻面，均匀刷上做法1的蛋汁。
4. 重复翻面，多次刷上蛋汁，煎至饭团两面皆呈金黄色即成。

甜辣猪柳饭卷

材料
海苔1张，米饭1碗，小黄瓜丝80克，猪肉排2片，蒜泥15克，淀粉30克，食用油适量

调料
盐1/4茶匙，白糖1/2茶匙，米酒1茶匙，白胡椒粉1/6茶匙，水1大匙，蛋清15克，甜辣酱2大匙

做法
1. 猪肉排拍松，加入蒜泥、盐、白糖、米酒、白胡椒粉、水、蛋清拌匀，腌制30分钟，再加入淀粉拌匀成稠状备用。
2. 起油锅，加热至约180℃，放入做法1的肉排，以中火炸约5分钟，至表皮成金黄酥脆时捞出沥干油，切成宽约2厘米的条状。
3. 取海苔平铺，放入1碗饭摊平，依序放上做法2的猪肉条、小黄瓜丝，最后淋上甜辣酱，卷成圆筒状即可。

洋葱海苔饭卷

材料

海苔1张，米饭1碗，培根片50克，洋葱丝50克，生菜叶1片，熟白芝麻1茶匙，食用油少许

调料

酱油1大匙，米酒1大匙，白糖1/2茶匙，黑胡椒粉1/4茶匙

做法

1. 锅烧热，倒入少许食用油，以小火爆香培根，加入洋葱丝及所有调料炒匀，取出后撒上熟白芝麻拌匀。

2. 取一张海苔平铺，放入1碗饭摊平，依序放上生菜叶及做法1炒好的馅料，卷成圆筒状即可。

香松虾饭卷

材料

海苔1张，米饭1碗，芦笋120克，白虾4尾，香松2大匙

调料

酱油1大匙，米酒1大匙，白糖1/2茶匙，黑胡椒粉1/4茶匙

做法

1. 白虾洗净去掉肠泥后，用竹签从尾端插入至头部定型以防卷曲；烧开一锅水，将虾下锅煮约3分钟后取出泡凉，剥壳备用。

2. 芦笋洗净，放入沸水中氽烫约1分钟后，取出泡凉。

3. 取海苔平铺，放入1碗饭摊平，依序放上做法1的熟白虾、做法2的芦笋及混合的调料，撒上香松，卷成圆筒状即可。

海苔饭卷

材料

五谷饭100克，豆芽菜30克，小黄瓜丝20克，熟香菇丝10克，蛋丝50克，海苔1大片

做法

1. 海苔铺于寿司竹帘上，再均匀铺上五谷饭。
2. 于做法1上放入洗净的豆芽菜、小黄瓜丝、香菇丝和蛋丝，卷起竹帘呈圆柱形。
3. 将做法2的寿司切段，即可食用。

烟熏鸡肉

材料

鸡胸肉200克，白酒30毫升，红茶叶10克，面粉30克，红糖30克，柠檬皮适量

调料

盐10克，迷迭香5克

做法

1. 鸡胸肉洗净以白酒、盐腌制10分钟，用厨房纸巾擦干净备用。
2. 锅底铺上锡箔纸，将红茶叶、面粉、红糖、迷迭香、柠檬皮混合为烟熏料后倒入，放上层架，盖上锅盖开大火。
3. 等待熏烟冒出后转小火，再放入做法1的鸡胸肉，盖上锅盖热熏20分钟即可取出，切片享用。

德式培根土豆

📋 **材料**

土豆1/2个，培根1片，洋葱15克，橄榄油15毫升，高汤30毫升

🧂 **调料**

盐3克，白胡椒粉3克，法式芥末酱5克

🍳 **做法**

❶ 土豆洗净，整块蒸熟后，去皮切块；培根、洋葱洗净切碎备用。

❷ 热锅加橄榄油，放入培根与洋葱碎炒香，再放入法式芥末酱与高汤，最后加入土豆块炒匀，再以盐和白胡椒粉调味即可。

蛋包饭

📋 **材料**

糙米饭1碗，洋葱末30克，肉丝20克，鸡蛋1个，鲜奶1/2大匙，食用油适量

🧂 **调料**

番茄酱1小匙，盐1/5小匙

🍳 **做法**

❶ 热油锅，放入肉丝和洋葱末炒熟，加入糙米饭、番茄酱、鲜奶和盐拌炒均匀，盛出备用。

❷ 鸡蛋打匀成蛋液，倒入平底锅中煎成蛋皮，放入做法1的材料包好即可。

❸ 可放圣女果和汆烫过的毛豆（材料外）搭配食用。

和风凉面

材料
白细面、五花肉薄片各100克，干海带芽、甜玉米粒、小黄瓜片各适量，鱼卵、绿芥末各少许

调料
柴鱼酱油露50毫升，冷开水120毫升，山葵酱适量

做法
1. 柴鱼酱油露加120毫升冷开水混合拌匀，加入山葵酱拌匀备用。
2. 五花肉薄片放入沸水中，汆烫至变色后捞起备用。
3. 海带芽泡入水中还原，再捞起沥干。
4. 白细面煮熟后，捞起泡冷水降温冷却后捞起盛盘，放入做法2的五花肉薄片、做法3的海带芽、甜玉米粒、小黄瓜片、鱼卵和绿芥末，再淋入做法1的淋酱即可。

蛋皮寿司

材料
鸡蛋3个，米饭1/2碗，海苔3片

调料
盐少许，海苔粉2大匙，淀粉1小匙，水适量，七味粉适量

做法
1. 鸡蛋打散，和淀粉、水、盐一起搅拌均匀，再放入平底锅中煎成蛋皮备用。
2. 将做法1的蛋皮平铺在竹帘上，盖上海苔，于一端放上米饭后，将米饭卷成长条状，再切成段状。
3. 将做法2的寿司卷外表撒上海苔粉和七味粉即可。